石墨烯制备技术

国家出版基金项目
NATIONAL PUBLICATION FOUNDATION

"十三五"国家重点
出版物出版规划项目

战 略 前 沿 新 材 料
——石墨烯出版工程
丛书总主编　刘忠范

彭海琳 编著

Preparation
of Graphene

GRAPHENE
04

华东理工大学出版社
EAST CHINA UNIVERSITY OF SCIENCE AND TECHNOLOGY PRESS
·上海·

上海高校服务国家重大战略出版工程资助项目

图书在版编目(CIP)数据

石墨烯制备技术/彭海琳编著.—上海：华东理工
大学出版社，2020.10

战略前沿新材料——石墨烯出版工程/刘忠范总主编
ISBN 978-7-5628-6064-8

Ⅰ.①石… Ⅱ.①彭… Ⅲ.①石墨-纳米材料-制备
Ⅳ.①TB383

中国版本图书馆 CIP 数据核字(2020)第 166662 号

内容提要

全书共分七章，围绕"自上而下"和"自下而上"两种石墨烯制备思路展开，主要内容包括机械剥离技术、氧化还原技术、SiC 外延技术、化学气相沉积技术、有机合成技术和其他特色技术(偏析生长技术、电弧放电技术、微波制备技术、电子束辐照技术、碳纳米管切割技术等)，以及三维石墨烯的制备技术，并分析了每种石墨烯制备技术的特点和利弊。

本书可供石墨烯材料相关专业师生使用，同时可为石墨烯材料相关科研人员提供专业参考。

项目统筹 / 周永斌　马夫娇
责任编辑 / 马夫娇
装帧设计 / 周伟伟
出版发行 / 华东理工大学出版社有限公司
　　　　　　地址：上海市梅陇路 130 号，200237
　　　　　　电话：021-64250306
　　　　　　网址：www.ecustpress.cn
　　　　　　邮箱：zongbianban@ecustpress.cn
印　　刷 / 上海雅昌艺术印刷有限公司
开　　本 / 710 mm×1000 mm　1/16
印　　张 / 16
字　　数 / 265 千字
版　　次 / 2020 年 10 月第 1 版
印　　次 / 2020 年 10 月第 1 次
定　　价 / 218.00 元

战略前沿新材料 —— 石墨烯出版工程
丛书编委会

总序 一

2004 年,英国曼彻斯特大学物理学家安德烈·海姆(Andre Geim)和康斯坦丁·诺沃肖洛夫(Konstantin Novoselov)用透明胶带剥离法成功地从石墨中剥离出石墨烯,并表征了它的性质。仅过了六年,这两位师徒科学家就因"研究二维材料石墨烯的开创性实验"荣摘 2010 年诺贝尔物理学奖,这在诺贝尔授奖史上是比较迅速的。他们向世界展示了量子物理学的奇妙,他们的研究成果不仅引发了一场电子材料革命,而且还将极大地促进汽车、飞机和航天工业等的发展。

从零维的富勒烯、一维的碳纳米管,到二维的石墨烯及三维的石墨和金刚石,石墨烯的发现使碳材料家族变得更趋完整。作为一种新型二维纳米碳材料,石墨烯自诞生之日起就备受瞩目,并迅速吸引了世界范围内的广泛关注,激发了广大科研人员的研究兴趣。被誉为"新材料之王"的石墨烯,是目前已知最薄、最坚硬、导电性和导热性最好的材料,其优异性能一方面激发人们的研究热情,另一方面也掀起了应用开发和产业化的浪潮。石墨烯在复合材料、储能、导电油墨、智能涂料、可穿戴设备、新能源汽车、橡胶和大健康产业等方面有着广泛的应用前景。在当前新一轮产业升级和科技革命大背景下,新材料产业必将成为未来高新技术产业发展的基石和先导,从而对全球经济、科技、环境等各个领域的发展产生深刻影响。中国是石墨资源大国,也是石墨烯研究和应用开发最活跃的国家,已成为全球石墨烯行业发展最强有力的推动力量,在全球石墨烯市场上占据主导地位。

作为 21 世纪的战略性前沿新材料,石墨烯在中国经过十余年的发展,无论在科学研究还是产业化方面都取得了可喜的成绩,但与此同时也面临一些瓶颈和挑战。如何实现石墨烯的可控、宏量制备,如何开发石墨烯的功能和拓展其应用领域,是我国石墨烯产业发展面临的共性问题和关键科学问题。在这一形势背景下,为了推动我国石墨烯新材料的理论基础研究和产业应用水平提升到一个新的高度,完善石墨烯产业发展体系及在多领域实现规模化应用,促进我国石墨烯科学技术领域研究体系建设、学科发展及专业人才队伍建设和人才培养,一套大部头的精品力作诞生了。北京石墨烯研究院院长、北京大学教授刘忠范院士领衔策划了这套"战略前沿新材料——石墨烯出版工程",共 22 分册,从石墨烯的基本性质与表征技术、石墨烯的制备技术和计量标准、石墨烯的分类应用、石墨烯的发展现状报告和石墨烯科普知识等五大部分系统梳理石墨烯全产业链知识。丛书内容设置点面结合、布局合理,编写思路清晰、重点明确,以期探索石墨烯基础研究新高地、追踪石墨烯行业发展、反映石墨烯领域重大创新、展现石墨烯领域自主知识产权成果,为我国战略前沿新材料重大规划提供决策参考。

参与这套丛书策划及编写工作的专家、学者来自国内二十余所高校、科研院所及相关企业,他们站在国家高度和学术前沿,以严谨的治学精神对石墨烯研究成果进行整理、归纳、总结,以出版时代精品作为目标。丛书展示给读者完善的科学理论、精准的文献数据、丰富的实验案例,对石墨烯基础理论研究和产业技术升级具有重要指导意义,并引导广大科技工作者进一步探索、研究,突破更多石墨烯专业技术难题。相信,这套丛书必将成为石墨烯出版领域的标杆。

尤其让我感到欣慰和感激的是,这套丛书被列入"十三五"国家重点出版物出版规划,并得到了国家出版基金的大力支持,我要向参与丛书编写工作的所有同仁和华东理工大学出版社表示感谢,正是有了你们在各自专业领域中的倾情奉献和互相配合,才使得这套高水准的学术专著能够顺利出版问世。

最后,作为这套丛书的编委会顾问成员,我在此积极向广大读者推荐这套丛书。

中国科学院院士

刘云圻

2020 年 4 月于中国科学院化学研究所

总序 二

"战略前沿新材料——石墨烯出版工程"：
一套集石墨烯之大成的丛书

　　2010 年 10 月 5 日，我在宝岛台湾参加海峡两岸新型碳材料研讨会并作了"石墨烯的制备与应用探索"的大会邀请报告，数小时之后就收到了对每一位从事石墨烯研究与开发的工作者来说都十分激动的消息：2010 年度的诺贝尔物理学奖授予英国曼彻斯特大学的 Andre Geim 和 Konstantin Novoselov 教授，以表彰他们在石墨烯领域的开创性实验研究。

　　碳元素应该是人类已知的最神奇的元素了，我们每个人时时刻刻都离不开它：我们用的燃料全是含碳的物质，吃的多为碳水化合物，呼出的是二氧化碳。不仅如此，在自然界中纯碳主要以两种形式存在：石墨和金刚石，石墨成就了中国书法，而金刚石则是美好爱情与幸福婚姻的象征。自 20 世纪 80 年代初以来，碳一次又一次给人类带来惊喜：80 年代伊始，科学家们采用化学气相沉积方法在温和的条件下生长出金刚石单晶与薄膜；1985 年，英国萨塞克斯大学的 Kroto 与美国莱斯大学的 Smalley 和 Curl 合作，发现了具有完美结构的富勒烯，并于 1996 年获得了诺贝尔化学奖；1991 年，日本 NEC 公司的 Iijima 观察到由碳组成的管状纳米结构并正式提出了碳纳米管的概念，大大推动了纳米科技的发展，并于 2008 年获得了卡弗里纳米科学奖；2004 年，Geim 与当时他的博士研究生 Novoselov 等人采用粘胶带剥离石墨的方法获得了石墨烯材料,迅速激发了科学界的研究热情。事实上,人类对石墨烯结构并不陌生,石墨烯是由单层碳原子构成的二维蜂窝状结构,是构成其他维数形式碳材料的基本单元,因此关于石墨烯结构的工作可追溯到 20 世纪 40 年代的理论研究。1947 年,Wallace 首次计算了石墨烯的电子结构,并且发现其具有奇特的线性色散关系。自此,石墨烯作为理论模型,被广泛用于描述碳材料的结构与性能,但人们尚未把石墨烯本身也作为一种材料来进行研究与开发。

石墨烯材料甫一出现即备受各领域人士关注,迅速成为新材料、凝聚态物理等领域的"高富帅",并超过了碳家族里已很活跃的两个明星材料——富勒烯和碳纳米管,这主要归因于以下三大理由。一是石墨烯的制备方法相对而言非常简单。Geim 等人采用了一种简单、有效的机械剥离方法,用粘胶带撕裂即可从石墨晶体中分离出高质量的多层甚至单层石墨烯。随后科学家们采用类似原理发明了"自上而下"的剥离方法制备石墨烯及其衍生物,如氧化石墨烯;或采用类似制备碳纳米管的化学气相沉积方法"自下而上"生长出单层及多层石墨烯。二是石墨烯具有许多独特、优异的物理、化学性质,如无质量的狄拉克费米子、量子霍尔效应、双极性电场效应、极高的载流子浓度和迁移率、亚微米尺度的弹道输运特性,以及超大比表面积,极高的热导率、透光率、弹性模量和强度。最后,特别是由于石墨烯具有上述众多优异的性质,使它有潜力在信息、能源、航空、航天、可穿戴电子、智慧健康等许多领域获得重要应用,包括但不限于用于新型动力电池、高效散热膜、透明触摸屏、超灵敏传感器、智能玻璃、低损耗光纤、高频晶体管、防弹衣、轻质高强航空航天材料、可穿戴设备,等等。

因其最为简单和完美的二维晶体、无质量的费米子特性、优异的性能和广阔的应用前景,石墨烯给学术界和工业界带来了极大的想象空间,有可能催生许多技术领域的突破。世界主要国家均高度重视发展石墨烯,众多高校、科研机构和公司致力于石墨烯的基础研究及应用开发,期待取得重大的科学突破和市场价值。中国更是不甘人后，是世界上石墨烯研究和应用开发最为活跃的国家，拥有一支非常庞大的石墨烯研究与开发队伍，位居世界第一，没有之一。有关统计数据显示，无论是正式发表的石墨烯相关学术论文的数量、中国申请和授权的石墨烯相关专利的数量，还是中国拥有的从事石墨烯相关的企业数量以及石墨烯产品的规模与种类，都远远超过其他任何一个国家。然而，尽管石墨烯的研究与开发已十六载，我们仍然面临着一系列重要挑战，特别是高质量石墨烯的可控规模制备与不可替代应用的开拓。

十六年来，全世界许多国家在石墨烯领域投入了巨大的人力、物力、财力进行研究、开发和产业化，在制备技术、物性调控、结构构建、应用开拓、分析检测、标准制定等诸多方面都取得了长足的进步，形成了丰富的知识宝库。虽有一些有关石墨烯的中文书籍陆续问世，但尚无人对这一知识宝库进行全面、系统的总结、分析并结集出版，以指导我国石墨烯研究与应用的可持续发展。为此，我国石墨烯研究领域的主要开拓者及我国石墨烯发展的重要推动者、北京大学教授、北京石墨烯研究院创院院长刘忠范院士亲自策划并担任总主编，主持编撰"战略前沿新材料——石墨烯出版工程"这套丛书，实为幸事。该丛书由石墨烯的基本性质与表征技术、石墨烯的制备技术和计量标准、石墨烯的分类应用、石墨烯的发展现状报告、石墨烯科普知识等五大部分共22分册构成，由刘忠范院士、张锦院士等一批在石墨烯研究、应用开发、检测与标准、平台建设、产业发展等方面的知名专家执笔撰写，对石墨烯进行了360°的全面检视，不仅很好地总结了石墨烯领域的国内外最新研究进展，包括作者们多年辛勤耕耘的研究积累与心得，系统介绍了石墨烯这一新材料的产业化现状与发展前景，而且还包括了全球石墨烯产业报告和中国石墨烯产业报告。特别是为了更好地让公众对石墨烯有正确的认识和理解，刘忠范院士还率先垂范，亲自撰写了《有问必答：石墨烯的魅力》这一科普分册，可谓匠心独具、运思良苦，成为该丛书的一大特色。我对他们在百忙之中能够完成这一巨制甚为敬佩，并相信他们的贡献必将对中国乃至世界石墨烯领域的发展起到重要推动作用。

　　刘忠范院士一直强调"制备决定石墨烯的未来",我在此也呼应一下："石墨烯的未来源于应用"。我衷心期望这套丛书能帮助我们发明、发展出高质量石墨烯的制备技术,帮助我们开拓出石墨烯的"杀手锏"应用领域,经过政产学研用的通力合作,使石墨烯这一结构最为简单但性能最为优异的碳家族的最新成员成为支撑人类发展的神奇材料。

中国科学院院士

成会明,2020 年 4 月于深圳
清华大学,清华－伯克利深圳学院,深圳
中国科学院金属研究所,沈阳材料科学国家研究中心,沈阳

丛书前言

    石墨烯是碳的同素异形体大家族的又一个传奇，也是当今横跨学术界和产业界的超级明星，几乎到了家喻户晓、妇孺皆知的程度。当然，石墨烯是当之无愧的。作为由单层碳原子构成的蜂窝状二维原子晶体材料，石墨烯拥有无与伦比的特性。理论上讲，它是导电性和导热性最好的材料，也是理想的轻质高强材料。正因如此，一经问世便吸引了全球范围的关注。石墨烯有可能创造一个全新的产业，石墨烯产业将成为未来全球高科技产业竞争的高地，这一点已经成为国内外学术界和产业界的共识。

    石墨烯的历史并不长。从 2004 年 10 月 22 日，安德烈·海姆和他的弟子康斯坦丁·诺沃肖洛夫在美国 *Science* 期刊上发表第一篇石墨烯热点文章至今，只有十六个年头。需要指出的是，关于石墨烯的前期研究积淀很多，时间跨度近六十年。因此不能简单地讲，石墨烯是 2004 年发现的、发现者是安德烈·海姆和康斯坦丁·诺沃肖洛夫。但是，两位科学家对"石墨烯热"的开创性贡献是毋庸置疑的，他们首次成功地研究了真正的"石墨烯材料"的独特性质，而且用的是简单的透明胶带剥离法。这种获取石墨烯的实验方法使得更多的科学家有机会开展相关研究，从而引发了持续至今的石墨烯研究热潮。2010 年 10 月 5 日，两位拓荒者荣获诺贝尔物理学奖,距离其发表的第一篇石墨烯论文仅仅六年时间。"构成地球上所有已知生命基础的碳元素,又一次惊动了世界",瑞典皇家科学院当年发表的诺贝尔奖新闻稿如是说。

从科学家手中的实验样品,到走进百姓生活的石墨烯商品,石墨烯新材料产业的前进步伐无疑是史上最快的。欧洲是石墨烯新材料的发祥地,欧洲人也希望成为石墨烯新材料产业的领跑者。一个重要的举措是启动"欧盟石墨烯旗舰计划",从 2013 年起,每年投资一亿欧元,连续十年,通过科学家、工程师和企业家的接力合作,加速石墨烯新材料的产业化进程。英国曼彻斯特大学是石墨烯新材料呱呱坠地的场所,也是世界上最早成立石墨烯专门研究机构的地方。2015 年 3 月,英国国家石墨烯研究院(NGI)在曼彻斯特大学启航;2018 年 12 月,曼彻斯特大学又成立了石墨烯工程创新中心(GEIC)。动作频频,基础与应用并举,矢志充当石墨烯产业的领头羊角色。当然,石墨烯新材料产业的竞争是激烈的,美国和日本不甘其后,韩国和新加坡也是志在必得。据不完全统计,全世界已有 179 个国家或地区加入了石墨烯研究和产业竞争之列。

中国的石墨烯研究起步很早,基本上与世界同步。全国拥有理工科院系的高等院校,绝大多数都或多或少地开展着石墨烯研究。作为科技创新的国家队,中国科学院所辖遍及全国的科研院所也是如此。凭借着全球最大规模的石墨烯研究队伍及其旺盛的创新活力,从 2011 年起,中国学者贡献的石墨烯相关学术论文总数就高居全球榜首,且呈遥遥领先之势。截至 2020 年 3 月,来自中国大陆的石墨烯论文总数为 101 913 篇,全球占比达到 33.2%。需要强调的是,这种领先不仅仅体现在统计数字上,其中不乏创新性和引领性的成果,超洁净石墨烯、超级石墨烯玻璃、烯碳光纤就是典型的例子。

中国对石墨烯产业的关注完全与世界同步,行动上甚至更为迅速。统计数据显示,早在 2010 年,正式工商注册的开展石墨烯相关业务的企业就高达 1 778 家。截至 2020 年 2 月,这个数字跃升到 12 090 家。对石墨烯高新技术产业来说,知识产权的争夺自然是十分激烈的。进入 21 世纪以来,知识产权问题受到国人前所未有的重视,这一点在石墨烯新材料领域得到了充分的体现。截至 2018 年底,全球石墨烯相关的专利申请总数为 69 315 件,其中来自中国大陆的专利高达 47 397 件,占比 68.4%,可谓是独占鳌头。因此,从统计数据上看,中国的石墨烯研究与产业化进程无疑是引领世界的。当然,不可否认的是,统计数字只能反映一部分现实,也会掩盖一些重要的"真实",当然这一点不仅仅限于石墨烯新材料领域。

中国的"石墨烯热"已经持续了近十年,甚至到了狂热的程度,这是全球其他国家和地区少见的。尤其在前几年的"石墨烯淘金热"巅峰时期,全国各地争相建设"石墨烯产业园""石墨烯小镇""石墨烯产业创新中心",甚至在乡镇上都建起了石墨烯研究院,可谓是"烯流滚滚",真有点像当年的"大炼钢铁运动"。客观地讲,中国的石墨烯产业推进速度是全球最快的,既有的产业大军规模也是全球最大的,甚至吸引了包括两位石墨烯诺贝尔奖得主在内的众多来自海外的"淘金者"。同样不可否认的是,中国的石墨烯产业发展也存在着一些不健康的因素,一哄而上,遍地开花,导致大量的简单重复建设和低水平竞争。以石墨烯材料生产为例,2018 年粉体材料年产能达到 5 100 吨,CVD 薄膜年产能达到 650 万平方米,比其他国家和地区的总和还多,实际上已经出现了产能过剩问题。2017 年 1 月 30 日,笔者接受澎湃新闻采访时,明确表达了对中国石墨烯产业发展现状的担忧,随后很快得到习近平总书记的高度关注和批示。有关部门根据习总书记的指示,做了全国范围的石墨烯产业发展现状普查。三年后的现在,应该说情况有所改变,随着人们对石墨烯新材料的认识不断深入,以及从实验室到市场的产业化实践,中国的"石墨烯热"有所降温,人们也渐趋冷静下来。

这套大部头的石墨烯丛书就是在这样一个背景下诞生的。从 2004 年至今,已经有了近十六年的历史沉淀。无论是石墨烯的基础研究,还是石墨烯材料的产业化实践,人们都有了更多的一手材料,更有可能对石墨烯材料有一个全方位的、科学的、理性的认识。总结历史,是为了更好地走向未来。对于新兴的石墨烯产业来说,这套丛书出版的意义也是不言而喻的。事实上,国内外已经出版了数十部石墨烯相关书籍,其中不乏经典性著作。本丛书的定位有所不同,希望能够全面总结石墨烯相关的知识积累,反映石墨烯领域的国内外最新研究进展,展示石墨烯新材料的产业化现状与发展前景,尤其希望能够充分体现国人对石墨烯领域的贡献。本丛书从策划到完成前后花了近五年时间,堪称马拉松工程,如果没有华东理工大学出版社项目团队的创意、执着和巨大的耐心,这套丛书的问世是不可想象的。他们的不达目的决不罢休的坚持感动了笔者,让笔者承担起了这项光荣而艰巨的任务。而这种执着的精神也贯穿整个丛书编写的始终,融入每位作者的写作行动中,把好质量关,做出精品,留下精品。

本丛书共包括 22 分册,执笔作者 20 余位,都是石墨烯领域的权威人物、一线专家或从事石墨烯标准计量工作和产业分析的专家。因此,可以从源头上保障丛书的专业性和权威性。丛书分五大部分,囊括了从石墨烯的基本性质和表征技术,到石墨烯材料的制备方法及其在不同领域的应用,以及石墨烯产品的计量检测标准等全方位的知识总结。同时,两份最新的产业研究报告详细阐述了世界各国的石墨烯产业发展现状和未来发展趋势。除此之外,丛书还为广大石墨烯迷们提供了一份科普读物《有问必答:石墨烯的魅力》,针对广泛征集到的石墨烯相关问题答疑解惑,去伪求真。各分册具体内容和执笔分工如下:01 分册,石墨烯的结构与基本性质(刘开辉);02 分册,石墨烯表征技术(张锦);03 分册,石墨烯材料的拉曼光谱研究(谭平恒);04 分册,石墨烯制备技术(彭海琳);05 分册,石墨烯的化学气相沉积生长方法(刘忠范);06 分册,粉体石墨烯材料的制备方法(李永峰);07 分册,石墨烯的质量技术基础:计量(任玲玲);08 分册,石墨烯电化学储能技术(杨全红);09 分册,石墨烯超级电容器(阮殿波);10 分册,石墨烯微电子与光电子器件(陈弘达);11 分册,石墨烯透明导电薄膜与柔性光电器件(史浩飞);12 分册,石墨烯膜材料与环保应用(朱宏伟);13 分册,石墨烯基传感器件(孙立涛);14 分册,石墨烯宏观材料及其应用(高超);15分册,石墨烯复合材料(杨程);16分册,石墨烯生物技术(段小洁);17分册,石墨烯化学与组装技术(曲良体);18分册,功能化石墨烯及其复合材料(智林杰);19分册,石墨烯粉体材料:从基础研究到工业应用(侯士峰);20分册,全球石墨烯产业研究报告(李义春);21分册,中国石墨烯产业研究报告(周静);22分册,有问必答:石墨烯的魅力(刘忠范)。

  本丛书的内容涵盖石墨烯新材料的方方面面,每个分册也相对独立,具有很强的系统性、知识性、专业性和即时性,凝聚着各位作者的研究心得、智慧和心血,供不同需求的广大读者参考使用。希望丛书的出版对中国的石墨烯研究和中国石墨烯产业的健康发展有所助益。借此丛书成稿付梓之际,对各位作者的辛勤付出表示真诚的感谢。同时,对华东理工大学出版社自始至终的全力投入表示崇高的敬意和诚挚的谢意。由于时间、水平等因素所限,丛书难免存在诸多不足,恳请广大读者批评指正。

刘忠范

2020年3月于墨园

前　言

　　石墨烯是一种由一层碳原子构成的周期性六方点阵蜂窝状的二维晶体,也是首个被成功制备出来的单原子层纳米材料。不同于零维的富勒烯和一维的碳纳米管,二维的石墨烯作为一种新的碳的同素异形体,拥有非常优异而又独特的光、电、磁、力、热学等性质,在电子信息、能源、环境、生物医学、航空航天、国防军工等领域具有广阔的应用前景。

　　严格说来,石墨烯并不是新事物。20 世纪 50 年代,科学家提出了石墨烯的概念,并在理论上对石墨烯的电子结构进行了研究,同时预言了石墨烯的线性频散关系;1986 年,Boehm 等首次提出"石墨烯"一词;1997年,国际纯粹与应用化学联合会明确统一了"石墨烯"的定义。而早在 19世纪 40 年代,德国科学家 Schafhaeutl 就报道了利用化学插层法剥离制备石墨的技术;1966 年,Hess 和 Ban 等首次使用化学气相沉积技术制备出了单层石墨烯;1999 年,Ruoff 等利用微机械摩擦法制备出了少层石墨烯;Walter de Heer 等在 2004 年利用碳化硅外延生长法制备出了单层石墨烯,并测量了电学性质,发现了超薄外延石墨薄膜的二维电子气特性;2004 年,Geim 等利用胶带剥离制备出单层石墨烯,发现了石墨烯独特的场效应特性。Geim 的这一方法简单、高效,为石墨烯基础研究提供了材料平台,在室温下即观察到量子霍尔效应。仅隔六年,Geim 和 Novoselov便因在石墨烯方面的开创性工作获得诺贝尔物理学奖,由此引发了关于石墨烯研究的更大热潮。

　　在过去的十年间,石墨烯的相关研究突飞猛进,而这依托于石墨烯制备技术的突破性进展。纵观碳纤维、单晶硅、塑料等材料的发展史,不难发现,制备决定材料的未来。脱离了稳定成熟的制备技术,再好的材料也难以发挥其用武之地。令人欣喜的是,过去十年间,石墨烯制备方法的研究发展迅速,很多制备上的难题和挑战已经被解决。比如,机械剥离法可以制备出毫米尺寸的单层石墨烯单晶,足够满足大部分的基础科研需求;化学气相沉积方法和碳化硅外延法制备的石墨烯已被证实能够满足电学应用的需求;化学剥离法制备的石墨烯在产量提高、质量控制和成本降低等方面也有了明显进展。尽管如此,石墨烯距离真正有效的投入使用还有一定的距离,如何找到价廉且能批量制备高质量石墨烯的方法,仍是研究者们面临的一大挑战。

石墨烯行业的研究人员和工作者都需要知道如何获得石墨烯。本书编写的出发点是出版一本文字简洁、内容紧凑的石墨烯制备技术指南,希望能为初踏入石墨烯研究领域的人员提供石墨烯制备的基础知识,为石墨烯行业的相关人员呈现石墨烯制备领域的现状,并为石墨烯制备技术的下一步发展指明方向。为此,本书主要围绕石墨烯现有的主流制备技术展开,全面分析和总结已经取得的大量成果,重点关注制备的技术、工艺和装备,并着重介绍近年来有影响、有特色的代表性工作。

本书由彭海琳教授负责框架的设定、章节的撰写以及统稿和审校。全书共分为七章,围绕"自上而下"和"自下而上"两种石墨烯制备思路展开并进行详细介绍,并分析每种制备技术的特点和利弊。其中,前者主要包括机械剥离技术(第1章)和氧化还原技术(第2章);后者包括 SiC 外延技术(第3章)、化学气相沉积技术(第4章)和有机合成技术(第5章)。同时,我们也对石墨烯制备的其他特色技术,如偏析生长技术、电弧放电技术、微波制备技术、电子束辐照技术、碳纳米管切割技术等进行介绍(第6章)。按照结构和形态划分,石墨烯除了常见的薄膜、粉体外,还有泡沫石墨烯(或称为石墨烯三级结构),这类材料因其结构的独特性,对制备方法也提出了不同要求,我们将在本书第7章对此进行单独介绍。

特别感谢团队中张金灿、邓兵、林立、任华英、王可心、孙禄钊、杨皓、贾开诚、单婧媛、郑黎明、史刘嵘、王铭展等在本书编写和校对过程中所付出的巨大努力。在本书编写过程中，我们参阅了相关专著、教程和大量的相关文献，在此对相关专家和作者表示感谢。

由于石墨烯的研究日新月异，加之作者知识水平和表达能力的局限性，书中难免存在不妥之处，欢迎广大读者批评指正。

彭海琳

2019 年 6 月于北京大学

目　录

第 1 章

石墨烯的机械
剥离技术

机械剥离是一种不借助化学反应的物理制备石墨烯的方法。2004年,英国曼彻斯特大学 Geim 和他的助手 Novoselov 利用微机械剥离法(micromechanical cleavage)首次成功地从高定向热解石墨上剥离并观察到单层石墨——即石墨烯[1]。两人也因此次发现以及石墨烯的系列相关研究获得 2010 年诺贝尔物理学奖。自此,机械剥离法成为一种获得高质量石墨烯片的常用方法(图 1-1)。作为一种自上而下的制备方法,其原材料可以是石墨、热膨胀石墨,也可以是石墨嵌合物(石墨夹层化合物)。而机械剥离又可由是否经由溶剂媒介分散分为不需溶剂的干法机械剥离和使用溶剂的湿法机械剥离(液相剥离)。早期,通过机械剥离石墨获得的石墨薄片含有数十到数百层的石墨烯片层,后来经过技术和方法的改进,现已可获得单层或少于十层的"超薄层样品",而样品横向尺寸从数微米到最大可达毫米级的范围。机械剥离的方法即从石墨出发,通过外加力破坏石墨烯片层间的范德瓦耳斯力,制备得到石墨烯粉末,这为石墨烯粉体的宏量制备提供了思路。本章将分别介绍干法、湿法机械剥离的种类、原理以及实例[2],最后对机械剥离的设备进行介绍。

图 1-1 机械剥离获得石墨烯片的机理

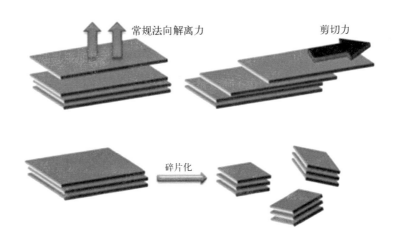

常规法向解离力　　　　剪切力

碎片化

1.1 干法机械剥离

干法机械剥离石墨烯是利用外加法向力作用于高定向热解石墨的表层,从而剥离得到少层或单层石墨烯的方法,具体包括胶带剥离法、微机械加工剥离法、球磨法等。

1.1.1 胶带剥离法

胶带剥离法的原理是通过胶带产生的黏附力解离高定向热解石墨表面的石墨烯层,操作过程如图 1-2 所示。

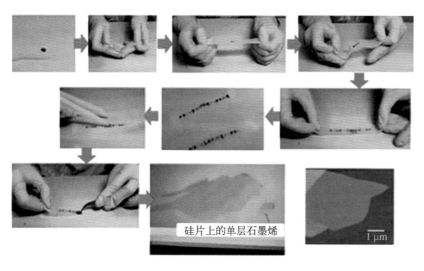

图 1-2 胶带辅助机械剥离高定向热解石墨的过程示意

通过胶带的黏附作用可以在高定向热解石墨上施加一个垂直方向的力,并且持续重复施加释放的情况下,石墨块体就会被持续减薄,最终变成单层石墨烯。2004 年,Geim 和 Novoselov 报道了利用该方法制备得到的石墨烯的奇异物理性质。具体方法如下:首先利用氧等离子束在高定向热解石墨(块体)表面掩膜刻蚀出宽 $20\mu m \sim 2\ mm$、深约 $5\mu m$ 的

石墨烯制备技术

槽面,并将其压紧在涂有光引发抗蚀试剂的 SiO_2/Si(带氧化层的硅片)基底上,退火后,用透明胶带反复剥离出多余的石墨片,将剩余在 Si 基底上的石墨薄片一同浸泡在丙酮中,并在大量的水与丙醇组成的混合溶液中超声处理,去除大多数的较厚片层后得到了厚度小于10 nm 的片层,即寡层石墨烯。所制得的样品中石墨烯通过范德瓦耳斯力/毛细作用力与硅基底表面的二氧化硅层紧密结合。在胶带剥离方法的基础上,石墨烯的很多优异性质被相继发现,并且此制备方法也得到了一定的发展。

研究表明,将胶带拓展为其他具有黏结性的物质(例如树脂、金膜等),该方法同样可行。2007 年,Chou 等报道了一种可应用于集成电路的石墨烯阵列的印章转移制备方法,不同于大面积的石墨烯的剥离,该方法仅限于有限面积(通常是几十微米)上石墨烯的制备(图 1-3)。首先利用涂覆有黏附层、带有凸起的印章按压在石墨上,突起部分产生的剪应力可以使石墨烯与石墨块体分离,在印章上直接通过光谱检测可以甄别石墨烯的质量,进而有选择性地转移质量高的石墨烯到固定的位置上[3]。

图 1-3 印章转移法制备石墨烯

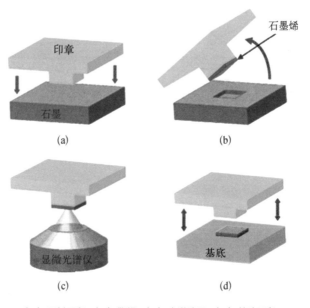

(a)原材压印;(b)撕揭;(c)光谱选区;(d)转移压印

此外，Ajayan 等于 2009 年报道了金膜作为黏附层剥离石墨烯的工作。首先将高定向热解石墨表面图案化，再在表面沉积一层金，剥离金膜时，石墨烯会随着金膜一同剥离，呈图案化分布。再将黏附有石墨烯的金膜按压在目标基底上，刻蚀去除金之后，便可得到石墨烯片层[4]。

1.1.2　微机械加工剥离法

借助同样机理，改变解离石墨需要的作用力来源，胶带剥离法进一步得到发展。为了提高效率、节省制备时间，Jayasena 等发展了如下方法：首先将高定向热解石墨切成金字塔形状，然后嵌入环氧树脂，最后通过锋利的金刚石针尖剥离，即可得到单层或少层石墨烯。金刚石针尖与超声波震动系统相连，并且与石墨相对，当石墨靠近金刚石针尖时，有类似车床车削加工的行为发生，得到石墨碎片（图 1-4）。受限于对金刚石针尖位移精度的控制，得到的石墨烯大多在几十个纳米左右（Jayasena B，2011）。

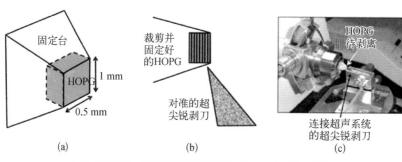

图 1-4　车床法剥离石墨烯示意

（a）原材固定；（b）装置预调试到位；（c）实际工作中的装置

干法机械剥离得到的石墨烯片，其宽度可以达到微米尺寸，但不易得到单原子层厚的严格单层石墨烯。利用这种方法得到的石墨烯，一般具有高质量和大面积的特点。然而，可以看出，干法机械剥离十分耗时，而且效率低下，因此仅适用于实验室基础研究。

1.1.3 球磨法

不同于其他干法剥离手段,球磨法通过对石墨施加剪切力从而得到石墨烯。如图1-5所示,利用球磨法得到石墨烯通常包括两个过程,一方面通过球磨的方式施加切向力使石墨减薄,另一方面在法向力作用下薄层石墨的尺寸进一步减小。球磨法制备石墨烯一般会遇到效率低、石墨烯易团聚等问题。高能球磨机和有机溶剂的配合使用可以有效提高球磨法的制备效率。DMF(N,N-二甲基甲酰胺)、NMP(N-甲基吡咯烷酮)、TMU(四甲基脲)等有机溶剂的加入可有效抑制石墨烯的团聚。除此之外,十二烷基磺酸钠等表面活性剂的加入也可起到同样的效果。

图1-5 球磨法获得石墨烯的机理

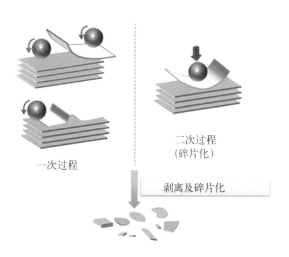

二次过程
(碎片化)

一次过程

剥离及碎片化

Aparna等将高能球磨法与强剥离溶剂相结合,实现了少层石墨烯的高效率、低成本、大批量制备。其中强剥离溶剂是1-芘羧酸和甲醇的混合溶液,其对石墨烯的剥离效果优于DMF等溶剂(Lv Y,2014)。研究表明,在一定的浓度下,剥离效率与球磨机提供的能量输入正相关。除加入液态有机溶剂外,还可加入一些水溶性的盐等无机物,辅助石墨的剥离。

戴黎明等在石墨中加入干冰(二氧化碳)、三氧化硫或两者混合物,球磨时石墨烯的边缘会被官能化,通过在水中超声处理,即可得到石墨烯分散液,干燥后得到石墨烯粉体(图1-6)。其中,石墨烯片的边缘被官能团修饰,增加了其在水中的可分散性[5]。

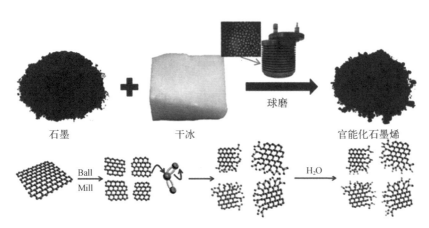

石墨　　　　　　干冰　　　　　官能化石墨烯

图1-6　干冰辅助球磨法

1.2　湿法机械剥离

湿法机械剥离(液相剥离)是一种获得宏量石墨烯粉体的方法。该方法通常以石墨或膨胀石墨为原料,通过超声、流体介质的剪切力、插层(属于物理性插层膨胀,不破坏碳原子间的共价键)等剥离作用破坏石墨烯层间的范德瓦耳斯力,将溶剂、溶剂中的表面活性剂等小分子以及溶质离子等插入石墨烯片层之间进行层层剥离,获得少层甚至单层石墨烯的分散液,最后通过干燥的方法即可得到石墨烯粉体。故而,湿法机械剥离(图1-7)主要有三种方式——超声剥离、剪切剥离和插层剥离(主要为电化学插层剥离),而且可以推广到几乎所有范德瓦耳斯层状化合物剥离中。须指出的一点是:使用的块体材料所含有石墨片层结构的层间距越大,层间的范德瓦耳斯力越弱,剥离也越容易。由于片层结构间距有:石墨嵌合物(石墨夹层化合物)≫热膨胀石墨/人造石墨>

石墨烯制备技术

图 1-7 湿法机械剥离的三种主要方式

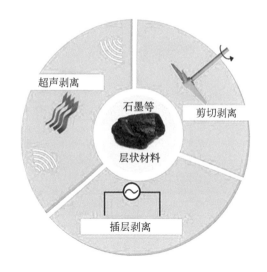

图 1-7 湿法机械
剥离的三种主要
方式

天然石墨(片层堆垛良好性排列顺序相反),所以石墨嵌合物(石墨夹层化合物)相比热膨胀石墨或人造石墨是更易剥离的原材料,而热膨胀石墨或人造石墨相比层间堆积紧密有序的天然石墨是更易剥离的原材料。

这里用少量篇幅介绍一类特殊的物质——石墨嵌合物(石墨夹层化合物)。石墨嵌合物是指其他原子或分子处在石墨的碳原子构成的片层之间构成的物质,特点是插层原子/分子仅仅破坏石墨片层间的范德瓦耳斯作用,而不破坏共价键;一般而言,插入的原子或分子与石墨片层间普遍存在较强的电荷转移,使得石墨嵌合物(石墨夹层化合物)往往具有较好的导电性。石墨能与下列多种单质或化合物反应生成各种石墨嵌合物: ① 第Ⅰ主族金属元素的单质包括 Li、Na、K、Rb、Cs 等;② 在液氨或其他电子转移溶剂中第Ⅰ、Ⅱ主族金属的溶液;③ Cl_2、Br_2、ICl 和其他卤素互化物及 BCl_3;④ 金属卤化物,如 TiF_4、$AlCl_3$、$FeCl_3$ 等;⑤ 酸,如 HF、H_2SO_4、HNO_3、$HClO_4$ 等;⑥ CrO_2F_2 和 CrO_2Cl_2 及其类似物;⑦ 某些氧化物和硫化物如 CrO_3 等。同一种插层物可与石墨形成不同的嵌合物,因其特殊结构特点称之为 X 层级化合物,插层最彻底的称为第一层级化合物,此时所有层间均被插入了插层分子/离子。而每两层石墨烯片层才均匀插入插层分子/离子形成的石墨嵌合物则被称为第二层级化合物,依次类推为 X 层级化合物，可应用于液相剥离的重要的石墨嵌合物。一些重要的石墨嵌合物组成、物性和合成参数列于表 1-1 中[6]。

组成（颜色）	c 轴晶胞参数/pm	合 成 条 件
C_6Li（金黄）	375	773 K，饱和锂蒸气
$C_{64}Na$（深紫）	—	723 K，一周，饱和钠蒸气
C_8K，C_8Rb，C_8Cs（古铜）	541,565,580	共热至碱金属熔点以上
$C_{12}M(NH_3)_2$（蓝） M = Li，Na，K，Rb，Cs	660	220 K，碱金属液氨溶液
$C_{12}Ca(NH_3)_2$（深蓝）	662	220 K，碱土金属液氨溶液
$C_{12}Sr(NH_3)_2$（红紫）	636	
$C_{12}Ba(NH_3)_2$（红紫）	636	
$C_{24}^+ \cdot NO_3^- \cdot 3HNO_3$（褐）	784	发烟硝酸
$C_{24}^+ \cdot HSO_4^- \cdot 2H_2SO_4$（褐）	798	硫酸-硝酸混酸
$C_{24}^+ \cdot ClO_4^- \cdot 2HClO_4$（褐）	794	高氯酸-硝酸混酸
$C_{24}^+ \cdot HF_2^- \cdot 2H_2F_2$（褐）	808	<20℃，液态 HF，阳极氧化
$C_6 \cdot FeCl_3$（古铜）	945	520 K，<24 h

表 1-1　一些重要的石墨嵌合物（石墨夹层化合物）组成、物性和合成参数

1.2.1　超声剥离法

在超声处理的剥离方法中，液体的瞬态真空泡的产生与消失产生了剥离力（图 1-8），超声的这一作用被称为空化或空化作用。瞬态真空产生的"气泡"分布在石墨薄片周围，当这些"气泡"破裂时，微射流和冲击波将立即作用于石墨表面，导致压应力波在整个石墨体相内传播。根据应力波的相关理论，一旦压缩波传播到石墨的自由界面，拉伸应力波就会反射回体相产生法向剥离。因此，许多微"气泡"的塌陷（瞬态真空的消失）将导致石墨片中的强烈拉应力，就像密集的"吸盘"剥离石墨片层一样。另外，还可能产生联合次级过程，因为不平衡的侧向压应力也可以通过剪切作用分离两个相邻的薄片。而且，微射流还可以像楔子一样驱入中间层分裂石墨薄片。总而言之，超声产生的拉伸应力有效地将石墨剥离成石墨烯薄片，在此过程中耗散超声输入的能量。

图 1-8 超声剥离
方法的作用原理与
过程

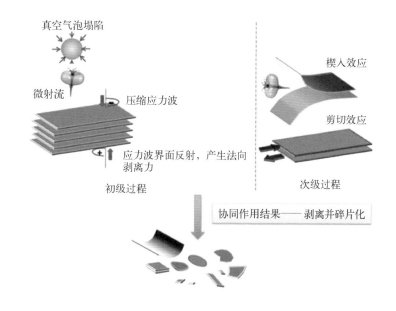

真空气泡塌陷

微射流

楔入效应

压缩应力波

剪切效应

应力波界面反射,产生法向
剥离力

初级过程

次级过程

协同作用结果——剥离并碎片化

超声辅助石墨液相剥离使得石墨烯粉体的大规模生产成为可能。借鉴超声处理分散碳纳米管的经验,2008 年爱尔兰都柏林大学的 Coleman 小组率先报道了超声辅助液相剥离石墨粉体、进而高产量生产石墨烯的工作。在他们的工作中,石墨粉体被分散在与石墨烯表面能接近的有机溶剂中,如 N,N-二甲基甲酰胺(DMF)和 N-甲基吡咯烷酮(NMP)等,然后超声处理,并使用离心的手段去除未剥离的石墨粉/石墨颗粒,最后获得较高浓度的石墨烯分散液,如图 1-8 所示。透射电子显微镜(TEM)、原子力显微镜(AFM)等不同的表征方法均证明,分散液中单层石墨烯的数量分布占比约为 0.28(Niu L,2016)。这种方法为石墨烯的大规模和低成本生产打开了新世界的大门。该方法的优点是在低设备要求的前提下能够轻松规模化生产石墨烯,最大的缺点是所获得的分散液中单层石墨烯浓度极低(约 $0.01\,\mathrm{mg \cdot mL^{-1}}$,即质量分数约 1%),且后续除去溶剂或造成很大的生产负荷,这与实际应用相差甚远。此外,用于分散的有机溶剂与石墨烯的结合性极其优良,不利于后续石墨烯的纯化与应用。在这项工作之后,基于相同的思路,许多研究人员通过延长超声处理时间、增加初始石墨浓度、添加表面活性剂和聚合物、改变溶剂种类、进行溶剂混合等手段,为实现超声剥离获取高浓度石墨烯分散液做出了贡献。

剥离过程增大了石墨片层的暴露面积,所以必须充分减小石墨片层新暴露表面的表面能才能阻止其再次层叠。将单位面积石墨片层剥离开来所需的剥离能是与有机溶剂的表面能和石墨烯的表面能(单位面积石墨片层的范德瓦耳斯结合力)的匹配程度相关的,匹配程度越高则剥离能越小,最终获得的分散液稳定性和分散性也越好。所以,提高石墨烯分散液的浓度主要有两条解决路径,其一是选择更匹配石墨烯表面能的溶剂,其二是使用表面助剂降低表面能稳定剥离片层。

根据溶解度理论,通过考察溶剂的一些理化参数快速筛选出适宜的剥离溶剂,Coleman 等探究了分散液最高浓度和系列溶剂参数的关系(图 1-9),并提出了当有机极性溶剂的表面能在 $50 \sim 80 \ mJ \cdot m^{-2}$ 时(图 1-9),剥离能最小;筛选出的适宜剥离溶剂有:苯甲酸苄酯、N-甲基吡咯烷酮(NMP)、N,N-二甲基甲酰胺(DMF)、N,N-二甲基乙酰胺(DMA)、γ-丁内酯(GBL)、环戊酮(CPO)、二甲基亚砜(DMSO)、1,3-二甲基-2-咪唑啉酮(DMEU)等。他们还证明,这种石墨的液相剥离现象归因于剥离过程中的净能量消耗小[7]。石墨烯和溶剂体系的剥离热力学可以用单位体积的混合焓来描述,即

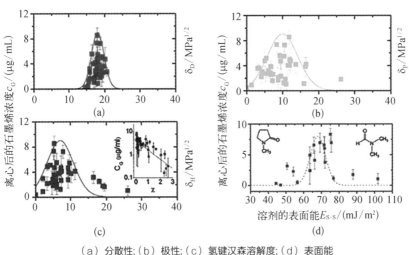

图 1-9 分散液最高浓度和系列溶剂参数的关系

(a) 分散性;(b) 极性;(c) 氢键汉森溶解度;(d) 表面能

$$\frac{\Delta H_{\text{mix}}}{V_{\text{mix}}} \approx \frac{2}{T_{\text{flake}}}(\delta_{\text{G}} - \delta_{\text{sol}})^2 \phi \qquad (1-1)$$

式中,T_{flake}是石墨烯片的厚度;ϕ是石墨烯体积分数;而δ_i是相 i(G 表示石墨烯,sol 表示溶剂)的表面能的平方根,其定义为剥离出新的石墨烯片层需要克服单位面积的范德瓦耳斯力。很明显,当石墨烯和溶剂表面能量接近时,混合焓将更小并且更容易发生剥离。好的溶剂倾向于具有 $70\sim80$ mJ·m^{-2} 的表面能或 $40\sim50$ mJ·m^{-2} 的表面张力;但是,这些结果是在室温和短时间内获得的,如果温度升高,表面能和表面张力将改变(Hernandez Y,2008)。

加入表面助剂进行超声剥离也是一种行之有效的促进剥离的方法。表面助剂可以降低新鲜表面的表面能避免重新层叠、促进分散。但是表面助剂的选择需要遵循一些原则:首先,该助剂需要亲和石墨烯,有较强的 π-π 堆积作用或其他范德瓦耳斯相互作用(熵因素稳定化);其次,该助剂最好具有一定的电荷,以便产生片层间的一定静电斥力、避免片层重新层叠。此外,与助剂搭配的溶剂种类、助剂浓度也有要求,需要注意适配。Green 和 Palermo 等进行了系列小分子助剂辅助超声剥离的系统研究(Parviz D,2012),给出了分子结构和浓度与小分子助剂辅助超声剥离效果的关系(图 1 - 10);同样的,高分子表面活性剂亦可用作剥离助剂。表面活性剂辅助超声剥离这方面的集大成性的工作(图 1 - 11)由 Guardia 等完成(Guardia L,2011)。

图 1 - 10 小分子助剂辅助超声剥离效果与分子结构和浓度的关系

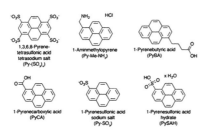
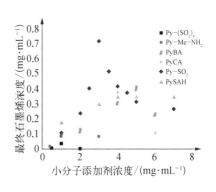

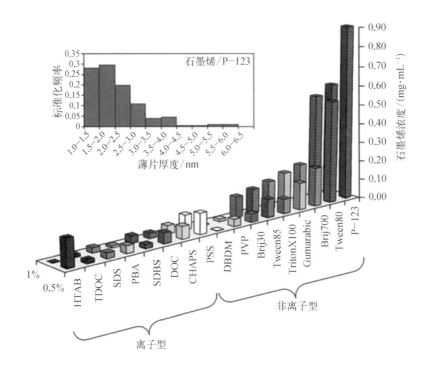

图 1-11　各类表面活性剂辅助超声剥离的效果

　　超声处理技术在石墨烯的液相剥离中被认为是非常成功的方法,具有工业化前景。然而,最近的一些研究报道了关于超声液相剥离获得石墨烯的缺点。首先,最近已经证明,通过超声处理制备的石墨烯具有比预期更多的缺陷,这个缺点归因于超声诱导的空化作用。尽管空化有利于剥离,但它是一个相对苛刻的过程,可以产生较高的局部温度(几千开尔文)、极端高压(几千个大气压)和快速加热/冷却速率(几十亿开尔文每秒)。涉及空化的这些苛刻条件可能导致石墨烯的损坏。实际上,Polyakova 等首次对通过超声处理制备的石墨烯进行了深入的光谱学研究,结果表明超声处理制成的石墨烯可能质量较差。通过使用 X 射线光电子能谱(XPS),他们发现超声剥离得到的石墨烯薄片含有大量的氧,这种情况一般在氧化石墨烯中才会出现。他们还首次通过扫描隧道显微镜(STM)观察了超声处理得到的石墨烯薄片中的缺陷(Polyakova E Y,2011)。更详细地说,Bracamonte 等最近报道缺陷定位强烈依赖于超声时间。短时间的超声处理缺陷主要位于层边缘,而超声时间超过 2 h 则会在面内积累。他们还提出，面内缺陷不是空位，也不是取代杂质或 sp³，而是拓扑缺陷（Bracamonte M V，2014），具体见图 1-12。以往认为，通过超声处理得到的液相剥离石墨烯是无缺陷的，这些结果却表明在边缘和基面上存在缺陷，这些缺陷本质上应归因于超声处理引起的空化作用。此外，它们也取决于溶剂、环境条件、超声处理时间和超声处理功率等。

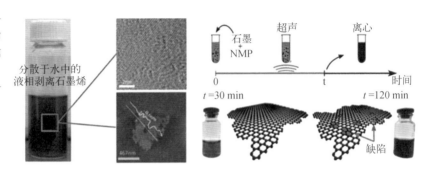

其次，超声诱导空化的分布和强度高度依赖于容器的大小和形状，这往往会引起局部驻留空化现象。因此，容器的大小和形状必然影响石墨烯的超声辅助生产过程。一些研究人员指出，最终的石墨烯浓度很大程度上受到容器几何形状和分散体积的影响。更详细地说，通过模拟和实验的结合，发现容器直径和液体高度可影响空化体积和空化体积分数，从而影响石墨烯浓度、石墨烯产率、生产效率等（图 1-13）。对于工业应用中石墨烯的大规模生产，超声处理容器的几何形状应该在从实验室到工业的放大中重新设计。同时，还应考虑其他参数，如超声处理频率、超声处理功率、超声发生区域的分布、温度等。

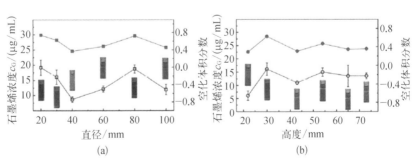

（a）容器直径的影响;（b）液体高度的影响

最后要注意的一个小问题是石墨烯液相剥离时基于超声处理的能量效率。无论是使用超声波浴槽还是使用超声波探头作为剥离设备,当超声波振动源的位置固定时,液体中的空化场几乎是稳态的。这不利于高效剥离,因为石墨薄片在高空化强度区域会多次剥离、过度破坏,而在空化强度低的区域可能保持完好。考虑到这一点,可移动空化场或超声波与搅拌相结合应有助于高效剥离。如果换用石墨嵌合物(石墨夹层化合物),也能在适宜的溶液中轻松超声获得良好的石墨烯分散液。

1.2.2 剪切剥离法

在剪切剥离法中,石墨片可随液体一起移动,因此可在不同位置反复剥离。这一特性与超声波和球磨机的特性完全不同,从而使其成为石墨烯可放量生产的潜在高效技术。

基于精巧设计的流体膜装置,通过在快速旋转管中使用涡旋流体膜,人们开发了用于在有机溶剂或水中剥离石墨的能量密集型剪切工艺(图1-14)。剥离机制在于管壁上流体的局部提升和滑动。这种滑动过程要求在某个点将石墨烯片层从块体材料表面部分抬起,以提供必要的侧向力以启动滑动。同时,石墨薄片通过离心力推到管壁上,并沿管子经受剪切诱导位移,导致表面剥离。这种涡旋流体技术为温和、高质量的石墨烯剥离提供了一种低能耗手段。但涡旋流体膜非常薄,这限制了剥离石墨烯的量。

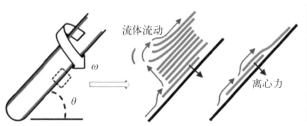

图1-14 流体膜装置使用涡旋流体膜剪切剥离石墨烯

基于高压流体动力学,Shen等首先报道了射流空化的概念并设计了一种生产石墨烯的装置,随后深入研究微通道中的压力驱动流体动力学,为通过流体动力学生产石墨烯及其扩展类似物奠定了基础(Yi M,2012)。基于高压驱动流体动力学的典型装置中,石墨和溶剂的混合物被加压到通道中,在通道中发生的受阻流体流动是造成剥离的原因。与超声处理和以剪切力为主的球磨和流体膜方法相比,压力驱动的流体动力学已经结合了这两种机制,并且可以实现更高的剥离效率。流体力学和流动场的模拟分析表明,高压流体动力学方法具有空化、压力瞬变、黏性剪切力、湍流/旋涡和颗粒-颗粒碰撞、颗粒-器壁碰撞等多重效应。如图1-15所示,多重流体动力学因素作用于以法向力为主的剥离和以剪切力为主的剥离。空化和压力瞬变可以产生以法向力为主的剥离作用;由速度梯度引起的黏性剪切力、由湍流/旋涡引起的雷诺剪切力以及由湍流和流场引

图1-15 高压流体动力学液相剥离

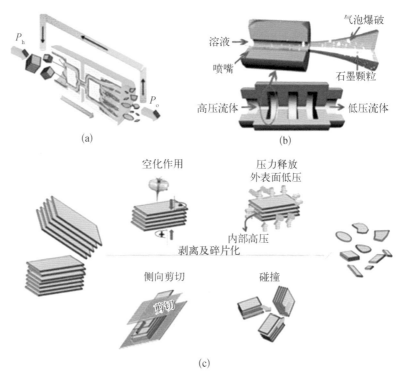

(a)高压流体动力学装置;(b)装置剖析图;(c)高压流体动力学装置中多种流体效应协同剥离石墨烯

发的碰撞引起的剪切效应可以产生用于剥离的剪切力,导致这些块体层状材料通过它们的侧向自润滑能力自剥离为少层或单层。最有趣的是,如果压力显著增加,高压流体动力学可用于生产石墨烯纳米网格,该机制是石墨烯薄片的剥离和穿孔的组合(Liang,2014)。据估计,纳米网的$1\mu m^2$内的孔的总面积约为$0.15\mu m^2$,并且孔密度约为$22\mu m^{-2}$。

另一种最近出现的方法是基于高剪切转子-定子混合器,用于实现该方法的设备相对简单且容易获得。Paton 和 Coleman 等展示了剪切辅助的大规模剥离来生产石墨烯薄片的设备,其中直径可调的转子和定子构成的搅拌头作为剥离的关键部件。通过 TEM 测量,石墨烯-NMP 分散液中的石墨烯薄片具有 300~800 nm 的横向尺寸,进一步基于电子衍射图案,还可以确定少层和单层产物的存在(Paton K R,2014)。根据转子直径和混合器引起的流体动力学特性,进一步揭示了剪切剥离机理,见图1-16。研究发现,即使当流场的雷诺数 Re_{Mix} 小于 10^4(其对应于未完全发展的湍流)时,仍然可以获得充分剥离的石墨烯。但是当剪切速率 γ 低于

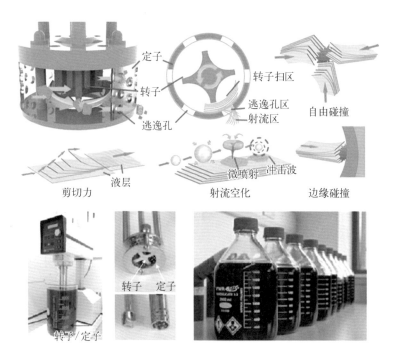

图1-16 基于高剪切转子-定子混合器的液相剥离原理、装置及其宏量制备效果

石墨烯制备技术

$10^4\ \mathrm{s}^{-1}$时,石墨薄片剥离得不好。在 $Re_{\mathrm{Mix}}<100$ 的情况下,即层流,如果 $\gamma>10^4\ \mathrm{s}^{-1}$,则石墨烯可以很好地生产。在转速 N 和转子直径 D 的许多不同组合剪切混合的情况下,最小剪切速率 $\gamma_{\min}$ 也在 $10^4\ \mathrm{s}^{-1}$ 附近;这表明任何可以实现高于 $10^4\ \mathrm{s}^{-1}$ 的剪切速率的混合器都可用于生产石墨烯。在层流和紊流状态下发生的剥离机制应该是相同的,并且良好的剥离可以在没有湍流的情况下发生。此外,有研究人员还根据流体动力学理论定性地解释了剥离机制,与球磨和涡旋流体膜一样,这是一种剪切力占优势的方法。空化和碰撞效应也有利于有效的剥离。然而,在转子-定子混合器中,非常高的剪切速率主要集中在转子和定子之间的间隙中以及定子的孔中,这意味着高剪切率存在于确切的局部区域——大部分剥离局限于转子-定子附近。

为了克服转子-定子混合器的缺点,需要具有全部高剪切速率区域的完全发展的湍流。最初,Alhassan 等使用配有四叶片叶轮的不锈钢搅拌器产生湍流,并通过湍流混合证明了石墨剥离的可行性。但他们只专注于旋涡捕捉厚片层以便充分剥离的这一概念,没有进一步进行获取单层石墨烯的综合优化(Alhassan S M,2012)。最近,Yi 等和 Varrla,Coleman 等推广了这项技术,他们选用了一种简单易用的旋转叶片搅拌机产生完全湍流,极大地增加了高剪切区的面积占比[8]。尽管剪切速率随着与叶片距离的增加而减小,但如果湍流充分发展,高剪切速率区域可以覆盖所有液体。从搅拌机湍流特性的角度来看,有四个流体动力学移速是造成剥离和碎裂的原因:① 速度梯度会引起黏性剪切力;② 湍流中强烈的速度波动会引起雷诺剪应力;③ 在湍流中,雷诺数非常大,因此惯性力支配黏性力来增强石墨-石墨的碰撞;④ 湍流压力波动引起的压力差也可能以法向力的方式剥离石墨。该机制通过实验观察得到了验证,侧向平移或旋转的滑动构型表明横向剥离的发生并且两种方式共存,即平移和旋转共同作用(图1-17)。这种情况下的剥离效率远高于标准超声处理或球磨剥离方法中的剥离效率。这些结果意味着工业旋转叶片搅拌釜反应器是用于大规模石墨烯生产的有

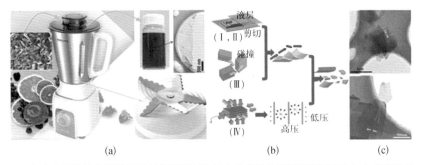

图 1 - 17　旋转叶片搅拌机用于机械剥离石墨烯

（a）基于旋转叶片搅拌机的液相剥离装置;（b）旋转叶片搅拌机剥离原理;（c）旋转叶片搅拌机剥离效果

前途的新技术(Varrla E,2014)。

Coleman 等还给出了剪切模型中最低剪切速率和片层长度尺寸之间的关系:

$$\dot{\gamma}_{\min} = \frac{\left[\sqrt{E_{\text{S, G}}} - \sqrt{E_{\text{S, L}}}\right]^2}{\eta L} \qquad (1-2)$$

式中,$E_{\text{S, G}}$ 和 $E_{\text{S, L}}$ 是石墨烯和液体的表面能($E_{\text{S, G}} \approx 70.5 \sim 71\,\text{mJ} \cdot \text{m}^{-2}$;对于 NMP,$E_{\text{S, L}} = 69\,\text{mJ} \cdot \text{m}^{-2}$);$\eta$ 是液体黏度(NMP 为 $0.0017\,\text{Pa} \cdot \text{s}$);$L$ 是片层长度。将公式稍作变形,可用于预测特定参数定子-转子混合器在一定剪切速度下的平均片层长度尺寸:

$$\langle L \rangle \approx \frac{\Delta R \left[\sqrt{E_{\text{S, G}}} - \sqrt{E_{\text{S, L}}}\right]^2}{2\eta\pi ND} + \frac{L_{\text{CF}}}{2} \qquad (1-3)$$

式中,ΔR 是转子-定子之间的间隙;N 为转速;D 为转子直径;$L_{\text{CF}} = 900\,\text{nm}$。

与局部和高能空化为主的超声或剪切为主的球磨相比,流体动力学可以在整个流场中携带石墨颗粒,并且多种流体动力学协同作用有利于节能和高效的剥离。尽管如此,仍需要从实验室到商业化技术的详细研究——在高剪切搅拌机或厨房搅拌机中,可能会在转子/定子或旋转刀片周围发生强烈的空化,导致类同超声的缺陷。对反应器的详尽和精确设计、在整个流场中实现有效分布和高效的剥离、消除局部静置区并且最小化空化效应是本方法工业规模化所必需的。

1.2.3 插层剥离法

超临界流体插层剥离,利用了超临界流体的高扩散性、可扩展性和强溶剂化能力。超临界流体可以渗透到石墨层之间的间隙中;一旦发生快速减压,超临界流体将突然膨胀以主要产生用于剥离石墨的法向力。例如,Pu 等报道了通过将膨胀的 CO_2 气体排放到含有十二烷基硫酸钠分散剂的溶液中获得的石墨烯薄片,典型的石墨烯薄片包含约 10 个原子层(Pu N - W,2009)。最近,Rangappa 等扩展了使用超临界流体的想法。他们利用乙醇、NMP 和 DMF 的超临界流体将石墨晶体直接剥离成石墨烯薄片,如图 1 - 18 所示[9]。将溶剂加热至临界温度或以上。由于界面张力低,表面润湿性好,扩散系数高,这些超临界流体可以高溶剂化的能力迅速渗透到石墨夹层中。在 15 min 的最短反应时间内可以实现石墨剥离至几层(<10 层)。90%~95%的剥离片少于 8 层,6%~10%为单层(Li L,2012)。结合石墨烯的功能化,Zheng 等和 Li 等在超临界二氧化碳的协助下,在芘及其衍生物中制备石墨烯。该方法建立了超临界流体作为石墨烯高通量生产和官能化的替代路线的一步路线(Zheng X,2012)。最近,Gao 等也报道了超临界流体与超声波的结合,他们证明获得的石墨烯薄片 24%为单层、44%为双层和 26%为三层(Gao Y,

图 1 - 18 超临界流体插层剥离示意

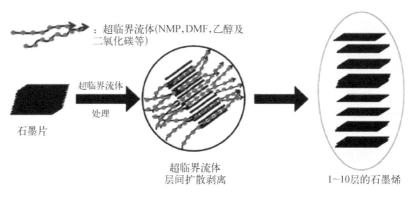

石墨片 →(超临界流体处理)→ 超临界流体层间扩散剥离 → 1~10层的石墨烯

：超临界流体(NMP,DMF,乙醇及二氧化碳等)

2014)。超临界流体技术对于高质量石墨烯的简易和可扩展生产非常有意义。

电化学插层剥离分为阴极阳离子插层剥离和阳极阴离子插层剥离两大类。阳极插层时容易发生氧化石墨烯的反应,故阴极阳离子插层剥离法更适合制备高质量、分散较好的石墨烯。使用惰性溶剂和溶质可以大幅减少氧化的可能性,例如,使用不含氧元素的离子液体(IL)使石墨烯不被氧掺杂的阳极剥离过程也能进行。受福岛等用离子液体对碳纳米管进行改性的启发,Liu 和他的同事们用双石墨电极装置,在离子液体(1-辛基-3-甲基-咪唑六氟磷酸盐)的水溶液中,开发了电化学剥离工艺。结果显示,石墨烯片的横向尺寸为 700 nm×500 nm,平均厚度为1.1 nm。Lu 和他的同事使用水溶性离子液体,即1-丁基-3-甲基咪唑四氟硼酸盐[BMIm][BF4]作为电解质来研究电化学剥离过程。他们提出,水是离子液体中的主要杂质,它会通过形成新的氢键网络来破坏离子液体的内部组织。水的阳极氧化和随后的离子液体中的阴离子嵌入的复杂相互作用导致石墨膨胀并剥离成碳纳米颗粒、纳米带和石墨烯片。具有高含水量(>10%)的离子液体电解质会产生水溶性和氧化的碳纳米材料。阴极阳离子插层剥离方面具有更多的可选性和对石墨烯的保护性(Lu J,2009)。受可充电锂离子电池中负极石墨电极的电化学反应的启发,Wang 及其合作者证明,在石墨嵌锂剥离中可高产率(>70%)获得薄层石墨烯片(<5 层),其中负极石墨电极被电化学充电(嵌锂)并且在 Li 盐和碳酸丙烯酯(PC)的电解液中膨胀。Li^+/PC复合物在高电流密度下插入石墨夹层中,在浓 LiCl 溶液(溶于 DMF/PC 混合溶剂)中通过超声处理来剥离石墨。将此法获得的石墨烯片分散在溶剂(例如二氯苯)中,作为导电碳油墨刷涂在商业纸上制成石墨烯纸,表现出低至 15 Ω·sq^{-1} 的面电阻,远远优于等厚度的还原氧化石墨烯纸[10]。近年来,阴极插层法(类似于二次离子电池的负极嵌入反应)也有了很大进展。阴极插层没有氧化风险,阳离子插层能垒低,一般不会自主剥离使电极开

裂或剥离;当电极电势调节到很负的时候,结束放电,并加入高活性质子溶剂/络合性溶剂,石墨电极便发生电子转移反应而剥离(图1-19),甚至可以将大量单层产物分散于水中(阴极插层可以控制电极电势来控制产物的层数分布)。Pénicaud 和 Drummond 等使用石墨阳离子插层产物 KC_8 制备了无表面活性剂就能分散于水中的单层石墨烯,通过将 KC_8 分散于四氢呋喃中,得到带负电的石墨烯溶液,进一步与脱气的水混合,并蒸发有机溶剂,可以获得单层石墨烯(SLG)在水中的均匀稳定的分散体。所得不含添加剂的稳定水分散液中每升水含有 400 m^2 的单层石墨烯,由分散液制备的膜表现出高达 32 $kS \cdot m^{-1}$ 的电导率[11]。需要指出,如果是插层体积很大的阳离子(如有机铵离子),则会在插层中就发生剥离现象,甚至自主剥离使电极开裂或剥离,应予以避免。

图 1-19 阴极阳离子插层剥离示意及分散于水中的单层石墨烯的制备

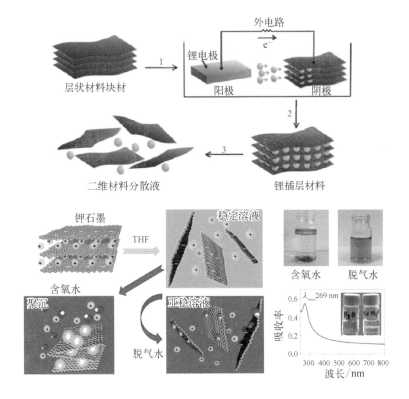

1.3 机械剥离设备

上文对制备方法的介绍中,已提及机械剥离石墨烯所用到的设备,此处作简要总结。对于干法剥离石墨烯,一般需要胶带、微机械加工机台、"印章"、球磨机等设备,而对于湿法剥离石墨烯,则需要用到电解槽、超声机、搅拌机等。设备提供了破坏石墨层间作用的外力,是获得石墨烯的必要条件。然而,过于强烈的外力施加也会使得石墨烯结构发生破坏,因此实际制备过程中,要兼顾石墨烯质量以及制备效率,选择适当的仪器以及功率。图1-20为几种常见的湿法机械剥离石墨烯所用到的设备,包括探头式超声、浴式超声、转子-定子混合器和旋片式剪切搅拌器等。有意思的是,生活中常用的一些家用电器,如榨汁机、豆浆机等可提供石墨烯剥离所需的外力以及搅拌动力,因此也可用于石墨烯的制备[12]。

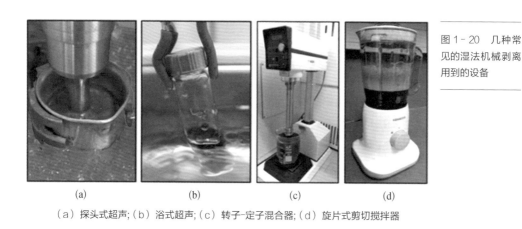

图1-20 几种常见的湿法机械剥离用到的设备

(a) 探头式超声;(b) 浴式超声;(c) 转子-定子混合器;(d) 旋片式剪切搅拌器

参考文献

[1] Novoselov K S, Geim A K, Morozov S V, et al. Electric field effect in

石墨烯制备技术

atomically thin carbon films[J]. Science，2004，306(5696)：666－669.

[2] Yi M，Shen Z. A review on mechanical exfoliation for the scalable production of graphene[J]. Journal of Materials Chemistry A，2015，3 (22)：11700－11715.

[3] Liang X，Fu Z，Chou S Y. Graphene transistors fabricated via transfer-printing in device active-areas on large wafer[J]. Nano Letters，2007，7 (12)：3840－3844.

[4] Song L，Ci L，Gao W，et al. Transfer printing of graphene using gold film[J]. ACS Nano，2009，3(6)：1353－1356.

[5] Jeon I-Y，Shin Y-R，Sohn G-J，et al. Edge-carboxylated graphene nanosheets via ball milling[J]. Proceedings of the National Academy of Sciences，2012，109(15)：5588－5593.

[6] 郝润蓉，方锡义，钮少冲.碳硅锗分族，无机化学丛书(第三卷). 北京：科学出版社，1984.

[7] Coleman J N. Liquid exfoliation of defect-free graphene[J]. Accounts of Chemical Research，2012，46(1)：14－22.

[8] Yi M，Shen Z. Kitchen blender for producing high-quality few-layer graphene[J]. Carbon，2014，78：622－626.

[9] Rangappa D，Sone K，Wang M，et al. Rapid and direct conversion of graphite crystals into high-yielding, good-quality graphene by supercritical fluid exfoliation[J]. Chemistry － A European Journal，2010，16(22)：6488－6494.

[10] Wang J，Manga K K，Bao Q，et al. High-yield synthesis of few-layer graphene flakes through electrochemical expansion of graphite in propylene carbonate electrolyte[J]. Journal of the American Chemical Society，2011，133(23)：8888－8891.

[11] Bepete G，Anglaret E，Ortolani L，et al. Surfactant-free single-layer graphene in water[J]. Nature Chemistry，2017，9(4)：347－352.

[12] Backes C，Higgins T M，Kelly A，et al. Guidelines for exfoliation, characterization and processing of layered materials produced by liquid exfoliation[J]. Chemistry of Materials，2016，29(1)：243－255.

第 2 章

石墨烯的氧化
还原技术

向石墨中加入强酸(如浓硫酸、浓硝酸等)和强氧化剂(如高锰酸钾、氯酸钾等),使之发生氧化-插层反应,便可以得到氧化石墨(Graphite Oxide)。在此,氧化反应的发生使得石墨片层上形成大量含氧官能团(如环氧基、羟基、羧基等),同时水分子插入石墨层间,使得层间距增大,石墨层间范德瓦耳斯相互作用力被削弱。利用加热或机械等方法可将氧化石墨片层分离,得到单层或少层的氧化石墨烯(Graphene Oxide)。将氧化石墨烯还原、消除其表面官能团,所得产物通常被称为还原氧化石墨烯(reduced GO, rGO)。

　　氧化石墨是一种非晶、非化学计量比的化合物,因此没有确切的结构式。其具体组成取决于制备条件。迄今为止,研究人员已经提出多种氧化石墨的结构模型。其中,Lerf 和 Klinowski 根据氧化石墨的固体核磁共振谱提出的模型得到广泛认同[图 2 - 1(a)][1]。该模型认为,在氧化石墨的单个片层内存在被氧化和未被氧化的两种区域。未被氧化的部分是由 sp^2 碳构成的平面共轭结构,被氧化的部分是富含碳碳单键、羟基和醚基的非平面结构,两种区域随机交错排列。氧化石墨片层边缘终止基团以羟基或羧基为主。

　　氧化石墨烯与氧化石墨的化学组成是一致的。两者的区别正如石墨和石墨烯的区别:氧化石墨具有类似石墨的多层堆叠结构,而氧化石墨烯具有和石墨烯相似的单层或少层结构。由于氧化石墨层间作用较弱,因此在水溶液中机械搅拌或超声即可将氧化石墨剥离,得到氧化石墨烯。本章中,当无须强调氧化石墨和氧化石墨烯在层数上的区别时,将使用 GO 统一指代两者。

　　在 rGO 中,由于片层上的含氧基团被有效消除,其平面共轭结构得到恢复。然而,rGO 中仍然保留大量的碳原子空位、5~7 元环等拓扑缺陷以及少量未被还原的面内官能团和边缘羟基,因此与其他方法制备的石墨烯有较大区别[图 2 - 1(b)]。一般而言,rGO 可被视为富含缺陷的石墨烯材料。

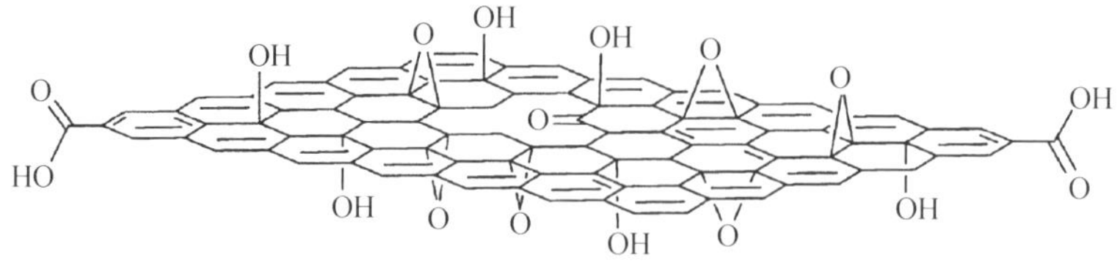

图 2 - 1　GO 和 rGO 的结构模型示意

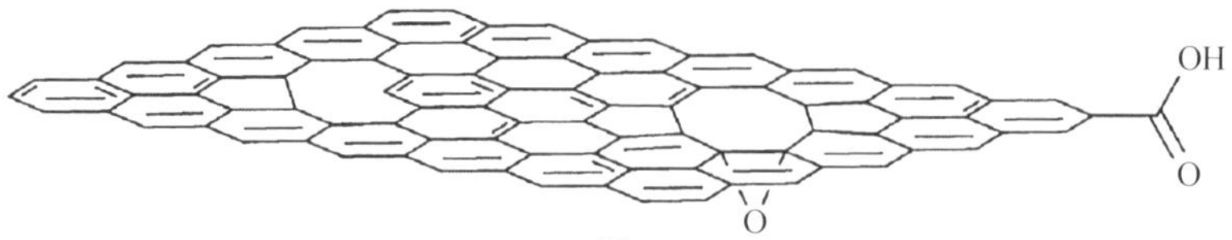

（a）GO 中单个片层的 Lerf - Klinowski 结构模型示意;（b）rGO 结构模型示意[2]

　　由于石墨和石墨烯的导电性起源于其六方晶格的长程 π 电子共轭结构,而 GO 中的含氧官能团以及点缺陷等促使 p 电子局域化,破坏了整体的长程共轭结构。尽管 GO 中存在共轭区域,但是由于这些共轭区域被非共轭区域分隔,因此宏观来看 GO 不具备长程导电性,即 GO 通常是绝缘体。相关实验结果也表明,GO 是绝缘的,其薄膜面电阻高达 10^{12} $\Omega \cdot sq^{-1}$。

　　rGO 则具有较好的导电性,这是因为经过还原后,石墨烯晶格的长程共轭结构得到恢复。然而,由于 rGO 存在较多缺陷,因此并不具有本征石墨烯材料应有的许多电学性质。

　　不管对氧化石墨还是还原氧化石墨烯而言,其性质取决于氧化与还原的类型和程度、缺陷的种类和密度等。此外,基于实用化以及产业化的考量,效率、成本、环保等均是重要的考量因素。所以,GO 和 rGO 的制备方法是重要的研究课题,已有许多重要的相关文献和专利报道。

　　GO 和 rGO 特殊的结构和性质既使得它们的应用受到限制,也使得它们在某些领域有些特殊应用。如前所述,GO 并不导电,因此无法直接用于电子学和电化学等相关器件中;而 rGO 虽然导电性得到了恢复,但由于其缺陷密度较大,因此并不具有石墨烯理论上应有的一系列独特的电输运性质,因而限制了其在电子学中的应用。即使作为导电薄膜材料,

rGO 的电导率也远不如化学气相沉积法直接制备的石墨烯薄膜。

但另一方面,含氧官能团的存在也为 GO 和 rGO 在许多其他方面的应用带来了优势。首先,由于含氧基团是亲水的,因此 GO 在许多溶剂(特别是水)中具有良好的分散性,这对进一步的加工和应用极为有利。例如,将氧化石墨烯的水分散液涂覆至多种基底上,还原后得到导电薄膜材料。其次,氧化石墨烯和 rGO 的含氧官能团可作为化学修饰或官能化的位点,能够与其他电活性物质通过共价或非共价键连接、形成复合材料,可用于电化学储能、催化化学、传感等多个领域。此外,氧化还原法具有成本优势,是最有前景的产业化方案之一。

2.1 氧化石墨的制备和性质

2.1.1 石墨的插层-氧化反应

如前文所述,氧化石墨烯是氧化石墨分散得到,所以氧化石墨烯的性质很大程度上由氧化石墨的性质和分散方法决定。氧化石墨的制备方法是氧化石墨烯和 rGO 制备的基础。通常,氧化石墨是石墨经过浓酸和强氧化剂的处理,经过插层-氧化反应得到。显然,酸和强氧化剂的选择、石墨的处理条件与工艺,均对制备的氧化石墨及氧化石墨烯有重要的影响。

氧化石墨制备属于传统石墨化学的研究范畴,其出现时间远早于石墨烯这一概念的提出。经典的氧化石墨制备方法包括 Brodie 法、Staudenmaier 法和 Hummers 法。其中,Hummers 法被研究人员广泛应用。此外,研究者也发展了多种改进 Hummers 法。

以下对几种主要的插层-氧化方法分别进行介绍。

1. Brodie 法和 Staudenmaier 法

最早的 GO 制备方法来自 1859 年 B. C. Brodie 对"石墨的分子量"的

研究[3]。Brodie 将发烟硝酸与石墨混合,再加入氯酸钾,首次得到了石墨氧化物。1898 年,L. Staudenmaier 对 Brodie 法进行了改进[4]:他使用了浓硫酸和发烟硝酸与石墨混合,再将氯酸钾溶液分多次加入,这种方法提高了石墨的氧化程度。Brodie 法和 Staudenmaier 法的主要缺点之一是会产生氯氧化物等有害气体。

2. Hummers 法

1958 年,Hummers 等提出了一种用高锰酸钾和浓硫酸处理石墨制备 GO 的方法[5]。这种方法相对温和,不会产生氯氧化物等有害气体,因此 Hummers 法被研究者广泛采用,后续相关改进方法也主要是基于 Hummers 法。

典型的 Hummers 法的具体实验操作如下:在冰水浴、剧烈搅拌下,将 100 g 鳞片石墨粉(325 目)和 50 g 硝酸钠加入 2.3 L 的 98% 浓硫酸中。持续搅拌并加入 300 g 高锰酸钾,此时需仔细控制加入速率以使体系温度不超过 20℃。将分散液的温度升至 35 ± 3℃ 并保持 30 min。之后将 4.6 L 水缓慢倒入糊状物中并搅拌,此时分散液剧烈泡腾、温度升高至 98℃。该温度下保持 15 min 后,用温水将悬浮液进一步稀释至约 14 L,加入 3% 过氧化氢以将残留的高锰酸盐和二氧化锰还原为无色、可溶的硫酸锰,处理后悬浮液变成亮黄色。趁热过滤(以完全去除微溶的副产物苯六甲酸盐),用总计 14 L 温水洗涤三次,将所得氧化石墨分散在 32 L 水中(固含量约 0.5%),用阴离子和阳离子交换树脂除去余下的盐类杂质,离心分离,40℃ 用五氧化二磷真空干燥。

3. 改进 Hummers 法

Kovtyukhova 等发现,直接使用 Hummers 法制备 GO 时,会在最终产物中发现未被完全氧化的颗粒,实验结果表明这些颗粒只有外部被氧化,而内部没有被氧化。因此他们在制备 GO 之前加入了预氧化步骤[6]:将石墨粉(20 g)放入 80℃ 的浓硫酸(30 mL)、过硫酸钾(10 g)和五氧化二磷(10 g)的溶液中,保温 6 h 后冷却至室温。随后用蒸馏水稀释、过滤、洗涤,直至漂洗后水溶液 pH 变为中性,将产物晾干。之后将这一预氧化的石墨通过 Hummers 法进行氧化。这种方法制备的 GO 具有较大的片层尺寸(1～9 μm)。

Hirata 等则关注如何减少氧化石墨烯的层数和增大片层尺寸[7]。他们采用了延长氧化反应时间的方法,即向体系中加入高锰酸钾后,在20℃下放置五天,以缓慢、完全地实现插层-氧化反应。所得氧化石墨烯平均厚度约几纳米,横向尺寸达约 20 μm。

Marcano 等指出[8],Hummers 法中硝酸钠的使用可能会产生有害的氮氧化物;他们发现,不使用硝酸钠,增加高锰酸钾用量,同时使用磷酸-硫酸混酸,能提高反应速率和产率。此外,磷酸的使用有助于提高所得 GO 片层的完整性。这种方法得到的氧化石墨烯片层尺寸较大,多数为单层(图 2 - 2)。具体过程为:将浓硫酸和浓磷酸(360 mL∶40 mL)混合加入石墨(3 g)和高锰酸钾(18 g)的混合物中,加热至50℃并搅拌 12 h。将反应物冷却至室温并倒入含有 30% H_2O_2(3 mL)的冷水(约 400 mL)中,随后筛分、过滤、洗涤、干燥。

图 2 - 2　改进 Hummers 法制备的 GO 的基本表征结果

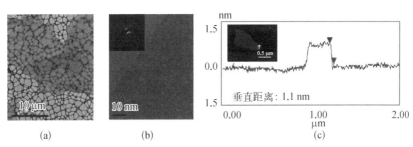

(a)氧化石墨烯 TEM 照片;(b)氧化石墨烯的高分辨透射电子显微镜图,插图为其衍射花样;(c)原子力显微镜高度图,插图为原子力显微镜形貌图[8]

在使用 Brodie 法、Hummers 法及其改进方法制备 GO 的过程中,由于使用了强酸和强氧化剂,因此必须格外注意安全生产问题。据报道,某高校实验室在制备氧化石墨烯时,由于操作不当发生爆炸导致人员伤亡。实验人员应经过安全培训并做好防护后方能操作。实验过程中,应小心控制试剂加入速率,不断保持搅拌,时刻注意控制体系温度不过高。

4. 其他化学插层-氧化方法

Peng 等发展了以高铁酸钾作为氧化剂制备 GO 的新方法[9]。这种方法中不使用重金属，不产生有害气体，且反应速率较快。具体操作如下：将 K_2FeO_4(60 g)加入浓硫酸(400 mL)中，再加入石墨(10 g)，室温下反应1 h。之后将混合物离心分离并洗涤数次。

5. 电化学插层-氧化法

Gurzęda 等研究了石墨在高氯酸溶液中阳极氧化形成 GO 的过程[10]。所用工作电极为包裹在铂筛中的石墨，参比电极为 Hg/HgSO$_4$/1 mol·L^{-1} H$_2$SO$_4$，对电极为铂丝，电解质为 8 mol·L^{-1}高氯酸溶液。作者研究了其自开路电压线性电势扫描至 1.4 V 过程中石墨的氧化反应。线性电势扫描曲线表明，石墨在 1.2～1.4 V 发生电化学氧化反应[图 2-3(a)]，反应结束后形成多缺陷的层状结构[图 2-3(b)]。不同电势下的 X 射线衍射谱和拉曼光谱表明，随着电压升高，石墨的层间距逐渐增大、缺陷逐渐增多[图 2-3(c)(d)]，证明在电化学氧化过程中，石墨发生插层-氧化反应形成 GO。

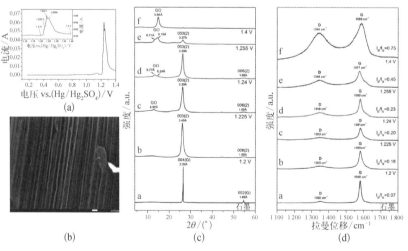

图 2-3 电化学插层-氧化法制备 GO 的典型表征结果

（a）线性扫描伏安特性曲线；（b）反应后所得氧化石墨的 SEM 图；（c）扫描至不同电位的石墨的粉末 X 射线衍射谱；（d）扫描至不同电位的石墨的拉曼光谱[10]

Pei 等则发展了一种安全、快速、高产率的电化学插层-氧化方法[11]。他们以柔性石墨纸作为阳极,铂丝作为阴极。如图 2-4 所示,首先在浓硫酸中恒电压极化(1.6 V,20 min),石墨纸经插层反应后变为蓝色。随后在 50%硫酸溶液中恒电压极化(5 V),此时石墨纸迅速变为黄色并开始剥离。将产物抽滤、洗涤后,在水中超声分散,形成 GO 分散液。这种方法突出的特点是高效,且耗水量大幅度降低,有望用于 GO 的规模化制备。

图2-4 恒压电化学插层-氧化反应的示意及对应原料或产物（标尺:1mm[11]）

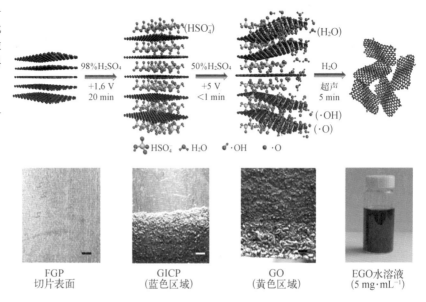

2.1.2 氧化石墨分散液及其性质

1. 氧化石墨烯在溶剂中的分散

GO 通常需要分散在溶液中以进一步处理和应用。如前所述,氧化石墨烯由于片层表面和边缘富含羧基、羟基等亲水官能团,因而能分散于水中,其分散性通常可以达到 $1\sim4\ mg\cdot mL^{-1}$。而在有机溶剂中,氧化石墨的分散程度各不相同。Paredes 等研究了氧化石墨烯在数十种有机溶剂中的分散特性[12]。如图 2-5 所示,超声后的氧化石墨可以稳定地分散

在 N,N -二甲基- 2 -甲酰胺(DMF)、N -甲基吡咯烷酮(NMP)、四氢呋喃
(THF)和乙二醇中,但是在丙酮、甲醇、乙醇、异丙醇、正己烷、二甲基亚砜
(DMSO)等体系中不能均匀分散。稳定分散的体系中多为单层氧化石墨
烯,片层尺寸为数百纳米至数微米,与分散在水中的氧化石墨烯类似。

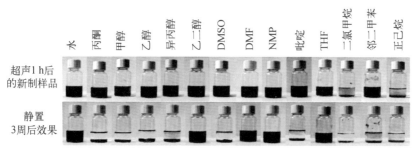

超声1 h后
的新制样品

静置
3周后效果

2. 氧化石墨烯水溶液的溶致液晶性质

液晶理论认为,高度不对称的二维纳米片溶液在取向熵和排除体积熵
的竞争驱动下,高于临界浓度时将形成溶致液晶,临界浓度的经验公式为
$\Phi \approx 4h/D$,其中 Φ 是体积分数,h 和 D 分别表示二维纳米片的厚度和横
向尺寸。[13,14]氧化石墨烯作为二维纳米片,其分散液可表现出典型的溶致
液晶性质。Xu 等发现,氧化石墨烯(横向尺寸 D 约为 $2.1\,\mu m$)分散液浓度
达到 $3\,mg \cdot cm^{-3}$ 时开始出现向列型液晶的纹影织构;达到 $5 \sim 8\,mg \cdot cm^{-3}$
时产生稳定的中间相;浓度超过 $10\,mg \cdot cm^{-3}$ 后形成层状液晶结构。之
后他们还发现,氧化石墨烯水分散液还能形成手性液晶(图 2 - 6)[13]。

一般而言,氧化石墨烯尺寸越大、纵横比越大,液晶相的临界浓度越
低;氧化石墨烯尺寸分布越窄时,相变浓度范围越窄,液晶向列越整齐。[13]
因此,要得到低浓度、低黏度的氧化石墨烯分散液,就需要片层尺寸大、厚
度薄的氧化石墨烯材料。

3. 氧化石墨烯分散液的流变性质

类似于传统的高分子材料,氧化石墨烯分散液的流变学性质对后续的
加工工艺有重要的影响。研究表明,氧化石墨烯水分散液具有独特的流变

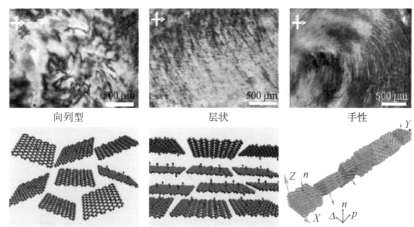

向列型　　　　　　　　层状　　　　　　　　手性

学性质。Naficy 等研究了不同浓度的氧化石墨烯水分散液的流变学性质[15]，发现其具有黏弹性。随着浓度提高，石墨烯分散液从各向同性相到液晶相、再到液晶凝胶相，其流变性质可分为四种：黏弹性液体，黏弹性液体转向黏弹性软固体，黏弹性软固体（即在低于屈服应力的情况下类似固体、高于屈服应力后类似液体）以及黏弹性凝胶。因而，不同浓度区间的分散液适用的加工技术不同。当黏性占优时，氧化石墨烯分散液适用于快速处理工艺，此时需要基底材料辅助成型；当弹性占优时，则适合于保持氧化石墨烯分散液固有形状的制造工艺，如挤出印刷和纤维纺丝等（图 2-7）。

2.1.3　不同宏观形态的氧化石墨烯的制备及性质

插层氧化法所得氧化石墨通常呈粉末状，其分散于水或其他溶剂后，采取适当的干燥方法（如冷冻干燥、超临界干燥等，以避免片层团聚），可得到粉末状的氧化石墨烯。以氧化石墨烯分散液为原料，还可以制备具有不同宏观形态的材料，如氧化石墨烯薄膜、氧化石墨烯纸、氧化石墨烯纤维等。这些材料通常被用于还原制备对应的 rGO 材料。同时，这类材料也有其独特的应用方式，如氧化石墨烯纸可作为滤膜用于海水淡化等。以下将分别简要介绍具有不同宏观形态的氧化石墨烯材料的制备及性质。

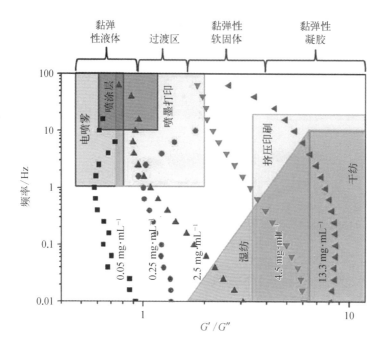

图2-7 不同浓度的氧化石墨烯分散液在不同频率测试下的弹性模量（G'）和黏性模量（G''）之比（彩色覆盖的色块是指几种工业制备技术适用的大致范围）[15]

1. 氧化石墨烯薄膜

氧化石墨烯可在不同基底上形成亚单层至数层的薄膜。作为薄膜材料，研究者重点关注其均一性、覆盖度、表面形貌、厚度等性质。

Eda等使用抽滤的方法制备氧化石墨烯薄膜[16]。他们使用具有纳米孔的混合纤维素酯膜，抽滤氧化石墨烯悬浮液（约0.5 mg·L^{-1}），得到单层至数层厚的氧化石墨烯膜[图2-8(a)]。这种方法制备得到的薄膜也很容易转移，只要将其轻压在特定基底表面上并将纤维素酯膜溶解即可[图2-8(b)(c)]。

(a)　　　　　　　　　(b)　　　　　　　　　(c)

图2-8 抽滤方法制备并转移到不同基底的氧化石墨烯薄膜[16]

（a）抽滤至纤维素酯膜上的氧化石墨烯薄膜的光学照片；（b）转移到玻璃基底上的光学照片；（c）转移到塑料基底上的光学照片

石墨烯制备技术

旋涂法是一种常用的制备薄膜材料的方法。Pang 等将 5 mg·mL^{-1} 的氧化石墨烯分散液以 1 000 rpm 的转速旋涂在硅表面,得到 30 nm 厚的氧化石墨烯薄膜,将其还原后可得到导电的 rGO 薄膜材料[17]。

另一种制备高均匀性氧化石墨烯膜的方法是 Langmuir - Bottle 膜法(L - B 膜法)。Li 等[18]将氧化石墨烯分散于水/甲醇混合液后,滴在水面上,得到在水/空气界面处富集的氧化石墨烯片表面层。这一界面处氧化石墨烯片层的密度可以通过改变水/空气界面的面积来控制,由于氧化石墨烯片层边缘含有带负电荷的官能团,在静电斥力的作用下其在固液界面保持单层分散;当表面面积缩小时,片层之间的面内吸引力逐渐大于静电排斥力,氧化石墨烯发生堆叠。将基底缓慢地垂直提起,即可将水面石墨烯层转移到指定基底上,并且可使用常用的高分子辅助方法,进一步将得到的氧化石墨烯膜转移到其他基底上。

对比以上几种方法,抽滤法所得薄膜厚度可调,但其常有褶皱,特别是在膜较厚(石墨烯层数≥5)的情况下;旋涂法制备的薄膜通常是多层、连续且满覆盖的;L - B 法则适用于制备紧密堆积的亚单层氧化石墨烯薄膜。此外,氧化石墨烯薄膜可通过传统光刻、等离子体掩膜刻蚀、激光选区烧蚀等方法实现图案化,进一步用于功能器件的研究[2]。

2. 氧化石墨烯纸

氧化石墨烯纸是以氧化石墨烯组装形成的宏观薄膜或纸状材料,是氧化石墨烯的一种重要材料形式,氧化石墨烯纸的制备方法也得到广泛的关注。Dikin 等发明了一种定向流动组装法,将氧化石墨烯的水分散液直接抽滤,即可得到氧化石墨烯纸[19]。通过改变氧化石墨烯的用量可以调控纸的厚度(1～30 μm),随着厚度增加其颜色从棕黄色变为黑色[图 2 - 9(a)]。其中,氧化石墨烯片层几乎平行地平铺堆叠[图 2 - 9(b)～(d)],片层由于具有原子尺度的波纹和亚微米尺度的褶皱,因此能与其他片层发生互锁,从而展现出良好的力学性质。制备的氧化石墨烯纸的拉伸模量达 23～42 GPa,且具有良好的可弯折性。

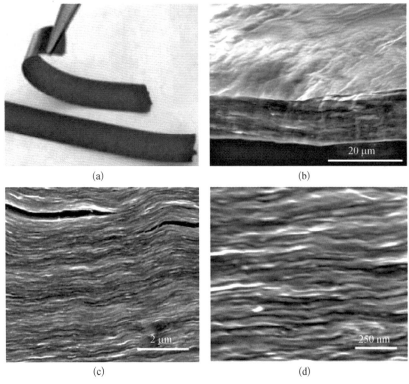

图 2-9 氧化石墨烯纸的宏观和微观形貌[19]

(a)　(b)　(c)　(d)

（a）宏观形貌；（b）~（d）不同放大倍数的 SEM 照片

对氧化石墨烯纸进行化学改性能进一步提高其机械性能。例如，Park 等研究表明[20]，在制备过程中引入少量 Mg^{2+} 或 Ca^{2+} 离子，由于阳离子与氧化石墨烯表面基团配位，增强了其层间相互作用，其抗拉强度提高了约 50%。此外，氧化石墨烯纸在退火时机械强度降低，加热到 300℃后容易起皱。这可能是因为温度达到 150℃以上后含氧官能团的分解会产生大量的气体，会破坏氧化石墨烯纸的结构，使其机械性能变差。

3. 氧化石墨烯纤维

氧化石墨烯纤维是由氧化石墨烯定向组装形成的一维宏观材料。利用氧化石墨烯水分散液的液晶性质，Xu 等发展了湿法纺丝制备氧化石墨烯纤维的方法[21]。如图 2-10(a)所示，纺丝的形成可分为三步：首先，分散液中的氧化石墨烯片层在定向流动的作用下形成单向排列的液晶结构；其次，纺丝原液与凝固浴之间发生溶剂交换，使得原本溶剂化的氧化石墨烯片层互相连接并形成凝胶纤维，在此过程中拉拔促使其沿轴向进一步定向排列；最后，随着溶剂挥发，凝胶纤维径向收缩、氧化石墨烯片层弯曲，形成干燥的纤维，氧化石墨烯片层紧凑堆叠、表面布满褶皱。[13] 这种方法制备得到的氧化石墨烯纤维可长达数米[图 2 - 10(b)]。将制备的氧化石墨烯纤维经还原后进而可制成 rGO 纤维，得到的 rGO 纤维具有极佳的柔性，即使将其打结也不会断裂[图 2 - 10(c)]。

图 2 - 10 氧化石墨烯纤维的制备过程示意和形貌[13]

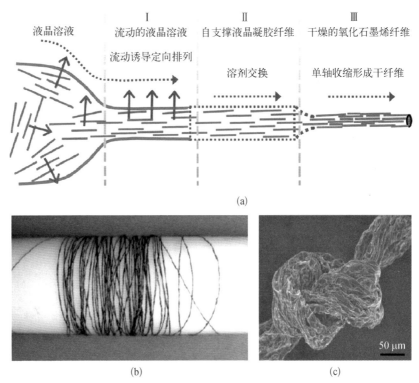

（a）湿法纺丝制备氧化石墨烯纤维示意；（b）氧化石墨烯纤维实物；（c）石墨烯纤维打结后的 SEM 照片

此外，由于湿法纺丝工艺与高分子纤维的制备兼容，因此这一方法可用于制备还原氧化石墨烯-聚合物复合纤维材料，经过还原后也可以制备 rGO-聚合物复合纤维。

2.2 还原氧化石墨烯的制备和性质

2.2.1 氧化石墨烯的还原

从氧化石墨为原料制备还原氧化石墨烯(rGO)通常有两种策略:其一是先将氧化石墨分散在溶液中形成氧化石墨烯,再将其还原为 rGO;其二是在还原氧化石墨的同时,利用含氧基团分解产生的气体将石墨的堆垛结构破坏,直接形成单层或少层的 rGO。常用的制备方法包括溶液相化学还原法、高温还原剥离法、水热和溶剂热还原法、电化学还原法、熔融碱金属还原法等[22,23]。以下分别介绍。

1. 溶液相化学还原法

由于氧化石墨烯可以被分散在水中,因此可以采用溶液相化学还原法来还原氧化石墨烯。最常用的还原剂是一水合肼和硼氢化钠。一水合肼作还原剂是因为大多数强还原剂会与水反应,而一水合肼是个例外。硼氢化钠虽然会缓慢地发生水解反应,但由于这一动力学过程十分缓慢,因而其仍能将氧化石墨烯有效地还原。文献报道的其他的还原剂包括氢醌、碘化氢等。

氧化石墨烯表面极性基团被还原后,片层表面疏水性增加,无法继续稳定地分散在水中。因此使用溶液相化学还原法时,常会观察到澄清的分散液中形成黑色不溶的 rGO。Stankovich 等用肼作为还原剂,所得 rGO 的 BET 比表面积只有 $466 \, \mathrm{m^2 \cdot g^{-1}}$,远低于石墨烯的理论值(约 $2620 \, \mathrm{m^2 \cdot g^{-1}}$)。原因可能包括氧化石墨在超声处理过程中不完全解离以及还原产生过程中 rGO 片层发生了团聚和沉淀(图 2-11)。

在特定的溶液环境下,无须使用强还原剂也能将氧化石墨烯还原。Fan 等发现,氧化石墨烯在强碱性溶液中可被有效还原,并能形成稳定的

图 2- 11 rGO 的
SEM 照片

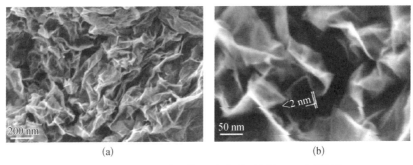

（a）

（b）

（a）典型低倍 SEM 表征结果；（b）典型高倍 SEM 表征结果

rGO 水分散液（图 2 - 12）。将 150 mL 的氧化石墨烯分散液（0.5～1 mL·mg^{-1}）和 1～2 mL 的氢氧化钠或氢氧化钾溶液（8 mol·L^{-1}）混合，恒温（例如 80℃）、低功率超声处理数分钟后，黄色的氧化石墨烯分散液变为黑色的 rGO 分散液。这种方法操作简单，且所得 rGO 形成了分散液而并未聚沉。

图 2- 12 碱性环境下加热制备 rGO 分散液的原理示意和实物

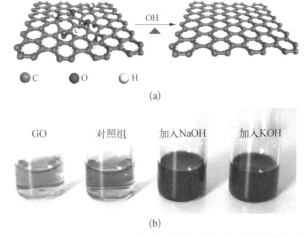

（a）碱性环境下氧化石墨烯还原示意；（b）不做处理的氧化石墨烯分散液，以及分别对氧化石墨烯分散液、加入氢氧化钠的氧化石墨烯分散液、加入氢氧化钾的氧化石墨烯分散液加热后所得产物

使用化学还原法时可能会引入杂原子基团，且这些杂原子基团通常难以去除。例如，用肼作为还原剂时，在还原含氧基团的同时会引入含氮

基团;同样地,硼氢化钠还原剂也有可能在 rGO 中引入少量杂原子。

2. 高温还原剥离法

氧化石墨可在惰性气氛下加热,即可被还原并剥离形成 rGO。Schniepp 等将氧化石墨快速升温($>2\,000℃\cdot min^{-1}$)至 $1\,050℃$,利用片层表面羟基和环氧基团分解产生的二氧化碳将片层分开。将堆叠在一起的氧化石墨烯片层分开需要的压力约为 $2.5\,MPa$,而高温条件下产生气体在氧化石墨层间产生的压力可远大于这一值。根据状态方程估算,在 $300℃$ 时产生气体在氧化石墨层间压力强达 $40\,MPa$,在 $1\,000℃$ 时达 $130\,MPa$。这种方法处理后氧化石墨质量损失达 30%,得到的 rGO 的比表面积高达 $600\sim900\,m^2\cdot g^{-1}$,AFM 测试表明其中约 80% 的片层为单层 rGO,压实电导率达 $1\,000\sim2\,300\,S\cdot m^{-1}$。不过,这种局域高压强也会破坏石墨烯片层结构,在 rGO 平面内留下大量 $5\sim7$ 元环和空位等点缺陷。McAllister 等对氧化石墨的高温剥离机理进行了研究,认为剥离反应所需最低温度为 $550℃$,超过该温度后含氧基团分解速率大于气体扩散速率,导致片层剥离。此外,他们发现所得 rGO 片层由于富含褶皱,故生成的产物是团聚的,但在溶剂中超声可以得到多数为单层的样品。Lv 等则指出,相比常压环境,在真空条件下高温剥离时能产生更大压力差,因此在较低温度($200℃$)即可将氧化石墨有效剥离(图 2 - 13)。

Botas 等对不同温度下氧化石墨的还原程度展开了研究。他们在 $127℃$ 和 $2\,400℃$ 之间通过氧化石墨的高温剥离还原制备了一系列 rGO 材料,对比了其含氧基团数量和层数的变化规律。如图 2 - 14 所示,$127℃$ 起,GO 中含氧基团开始分解;高于 $600℃$ 后还原反应平稳进行,碳原子从 sp^3 杂化开始转变为 sp^2 杂化;$1\,000℃$ 后所得 rGO 已具有低含氧量(<2%)且较高石墨化水平(sp^2 碳含量 81.5%);温度升高至 $2\,000\sim2\,400℃$ 后,rGO 中氧含量几乎降为零,且已经开始出现多层的石墨结构。此外,在 $127℃$ 和 $300℃$ 下所得 rGO 主要为单层,而温度升至 $1\,000℃$ 以上后,rGO 通常为多层($4\sim6$ 层)堆积的结构。Chen 等用 $2\,850℃$ 高温处理氧化石墨

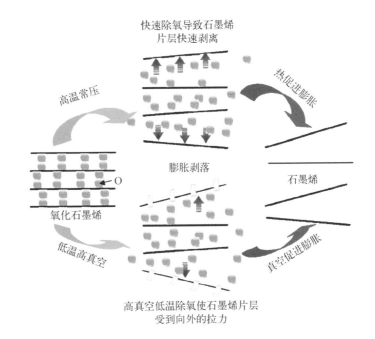

图 2- 13 高温常压和低温低压条件下剥离氧化石墨烯的对比示意

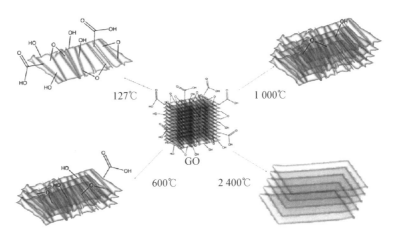

图 2- 14 不同温度下对石墨进行高温剥离还原得到的 rGO 的特点

烯后,得到了氧含量低(XPS 中未检测到氧元素信号)、缺陷密度低(Raman 光谱无可见 D 峰)、高度石墨化的 rGO 材料。

为进一步减少含氧基团,可在高温剥离过程后用氢气进一步还原 rGO。Wu 等在氩气保护下将氧化石墨 1 050℃ 热处理 30 s 后,在 450℃ 下用氢气还原 2 h,得到 rGO。结果表明,氢气处理后 rGO 氧含量进一步降低,XPS 分析表明其碳氧比达 10.8～14.9。

3. 水热和溶剂热还原法

在水热法或溶剂热法中,水或有机溶剂体系被密封于聚四氟乙烯容器中,加热后体系压力增大,溶剂可以达到远高于其沸点的温度。在水热过程中,过热的超临界水可以起到还原剂的作用。另外,随着温度和压力变化,水的物理化学性质会发生巨大变化,在这种条件下,许多常温常压下反应速度很慢的化学反应可能加速发生。从纳米金刚石、碳纳米球、碳纳米管到石墨烯,水热法向来在纳米碳材料制备方面占有一席之地。

Zhou 等发现,分散在纯水中的氧化石墨烯在水热条件下即能够被还原。他们对氧化石墨烯分散液($0.5\,mg \cdot mL^{-1}$)进行180℃、6 h 的水热处理,冷却后观察到黑色粉末沉淀在水热容器底部,可将其超声分散于水溶液中。他们发现,超临界水不仅部分去除了氧化石墨烯的含氧官能团,而且还修复了 rGO 部分受损的芳香结构。这一还原反应可能与氢离子催化的醇脱水反应类似,其中水提供质子参与羟基质子化反应。他们还研究了不同 pH 时的水热反应,发现碱性条件(pH = 11)下,rGO 能够稳定低分散,而酸性条件(pH = 3)会导致 rGO 片层堆叠。Xu 等使用类似的"纯水"水热法制备了 rGO 气凝胶。和 Zhou 等的报道一致,当氧化石墨烯分散液浓度较低($0.5\,mg \cdot mL^{-1}$)时,所得 rGO 为粉末状;而当氧化石墨烯分散液浓度提高至 $1\,mg \cdot mL^{-1}$ 或更高时,所得 rGO 形成自组装的水凝胶,适当干燥后形成气凝胶[图 2-15(a)(b)]。这种 rGO 气凝胶具有良好的抗压性[图 2-15(c)]。他们认为,氧化石墨烯被还原过程中,逐渐由亲水变为疏水,这些疏水的 rGO 自组装形成三维结构[图 2-15(d)]。

Wang 等报道了以 N,N-二甲基甲酰胺(DMF)作为溶剂的溶剂热还原法。与水热反应不同的是,该体系中添加了少量肼作为还原剂。180℃下溶剂热处理12h后,rGO 中碳氧比达到14.3,远高于常压下肼还原产生的,且存在 rGO 被部分 N 原子掺杂。

Dubin 等提出了一种使用 N-甲基-2-吡咯烷酮(NMP)作为溶剂的准溶剂热还原方法。之所以称之为准溶剂热反应,是因为该反应采用的容器是非封闭的,同时加热温度(200℃)低于 NMP 的沸点(202℃),即还原过程

图 2 - 15 水热还
原法制备 rGO 气
凝胶

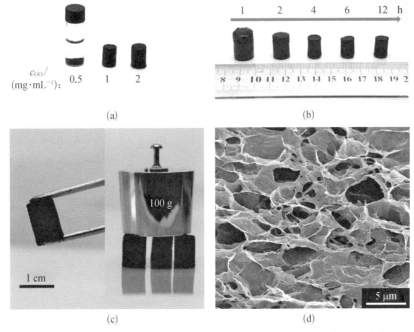

（a）不同的石墨烯分散液浓度和（b）不同的水热时间对 rGO 宏观形态的影响；（c）rGO
气凝胶的宏观形貌及其良好的抗压性；（d）rGO 气凝胶微观结构

中体系为常压。在这一温度下,GO 自身发生分解反应,同时 NMP 与含氧
基团结合,导致 GO 中的含氧基团被部分去除。这种方法对 GO 的还原不
够彻底,所得 rGO 的碳氧比仅为 5.15,远低于其他方法。以此制备的 rGO
膜的电导率为 $3.7\,S\cdot cm^{-1}$,相较于肼还原法($82.8\,S\cdot cm^{-1}$)小一个数量级。

4. 电化学还原法

电化学还原法可大致分为两类,一种是"两步法",即首先制备氧化石
墨烯薄膜,再将其电化学还原;另一种是"一步法",即直接将溶液中的氧
化石墨烯电化学还原至基底上(图 2 - 16)。

Zhou 等首先在玻璃、塑料、ITO 等基底上喷涂氧化石墨烯薄膜并干
燥,然后对其进行电化学还原,该方法属于"两步法"。使用的电解质为磷
酸钠缓冲溶液($1\,mol\cdot L^{-1}$ PBS,pH = 4.12),参比电极和对电极分别为
Ag/AgCl(饱和 KCl 溶液)和铂丝,在 - 0.90 V 下恒流极化 5 000 s。值得注

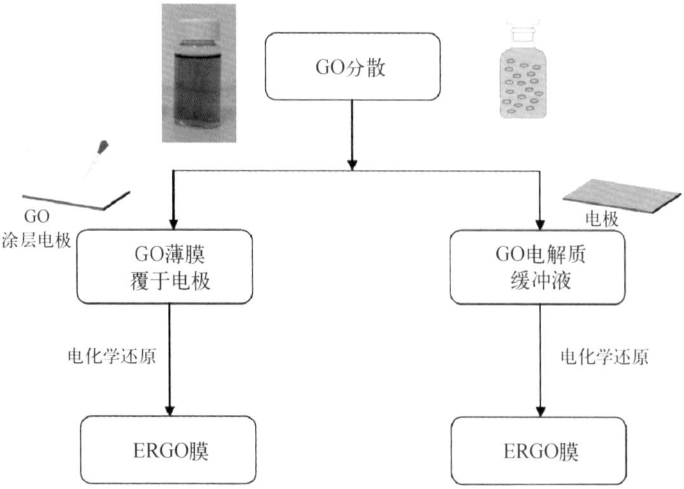

图 2 - 16 电化学还原法制备 rGO 薄膜的两种方法示意

意的是,对于绝缘基底,需用玻碳电极尖端与其接触作为工作电极;导电基底则可以直接用作工作电极。在导电基底表面的氧化石墨烯被均匀还原,而在非导电基底上,以接触点为圆心的一个圆内部分被还原。这种电还原得到的 rGO 薄膜氧元素含量较低(4.2%),低于溶液相化学法还原得到的样品(约 7%)。

  Hilder 等发展的方法则属于"一步法"。将氧化石墨烯的水分散液($0.5\,mg \cdot mL^{-1}$)与氯化钠溶液(约 $0.25\,mol \cdot L^{-1}$)等体积混合,用稀氢氧化钠溶液和稀盐酸调节 pH。参比电极和对电极分别为饱和甘汞电极和钛网,工作电极为多晶金膜或玻碳电极。在 $-1.0 \sim -1.4\,V$ 下恒电位沉积 15 min,取出干燥,得到灰色、导电的 rGO 膜。作者发现,需将电解质溶液的电导率调节为 $4 \sim 25\,mS \cdot cm^{-1}$ 才能有效地沉积。所得 rGO 膜电导率约为 $20\,S \cdot cm^{-1}$。

5. 熔融碱金属还原法

  近来研究者发现,氧化石墨烯与熔融碱金属接触后,能够迅速被还原为 rGO 并形成蓬松、多孔的微观结构。这种材料通常被用于金属单质负极的应用研究。Lin 等发现,氧化石墨能与熔融金属锂发生"火花"反应。

抽滤法制备的氧化石墨烯膜在惰性氛围下与熔融的金属锂接触后,会迅速产生电火花和响声,同时整个氧化石墨烯膜被迅速还原。由于这种多孔 rGO 膜上仍保留部分含氧基团,因此能浸润锂金属,进而作为锂金属负极的载体[图 2-17(a)]。延时摄影结果表明,氧化石墨烯膜与熔融锂接触点处首先出现火花,随即迅速扩展到整个氧化石墨烯膜[图 2-17(b)]。由于反应过程迅速,反应产生的大量气体使 rGO 膜膨胀,形成多孔结构。

图 2-17 熔融碱金属还原法制备 rGO

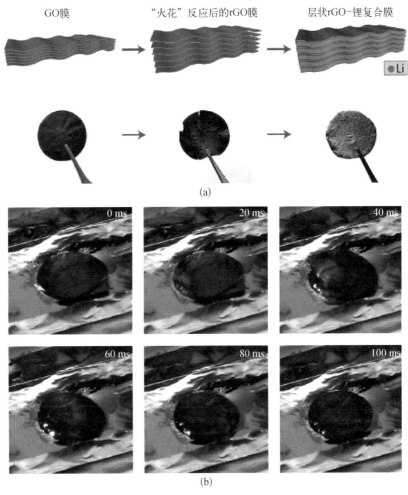

(a)氧化石墨发生"火花"反应形成多孔 rGO,并吸收液态锂形成 rGO-锂复合电极材料的示意和实物;(b)对"火花"反应的延时摄影

类似地,Hu 等采用相同的方法,以熔融金属钠为还原剂制备 rGO 泡沫,并将其用于钠金属负极。目前尚无使用其他熔融碱金属或碱土金属作为还原剂的报道。由于单质钾和单质钙还原性更强,因此若以其作为 rGO 的还原剂可能会有安全隐患。

2.2.2　rGO 在溶剂中的分散性质

类似于氧化石墨烯,rGO 的分散液是 rGO 进一步加工和应用的重要前驱体,故而希望氧化石墨烯被还原后,所得的 rGO 仍能够均匀分散。然而,由于氧化石墨烯是亲水的,而 rGO 是疏水的,多数溶剂不能同时作为两者均匀分散的介质,因此将分散的氧化石墨烯还原后,产生的 rGO 很容易发生聚沉。为解决这一问题,研究者已经发展了不同策略,以得到均匀分散的 rGO 分散液。

一种策略是使用表面活性剂等添加剂稳定水分散液中还原后的 rGO。Stankovich 等提出使用两亲性表面活性剂来稳定 rGO 分散液。他们在氧化石墨烯水分散液中加入聚苯乙烯磺酸钠(PSS),用水合肼将其还原,得到 rGO 的水分散液。其中,PSS 的疏水主链与新生成的 rGO 结合,亲水性磺酸盐基团则保证了良好的水分散性。之后又报道了其他多种改性剂和表面活性剂以改善 rGO 分散性,包括异氰酸酯、季铵盐、重氮盐、离子液体、单链 DNA 等[2]。与向水中添加表面活性剂相对应的策略是对 rGO 进行改性处理。Shen 等报道了一种"两亲性石墨烯",他们在用肼还原氧化石墨烯的同时,将两亲的苯乙烯-丙烯酰胺共聚物共价接枝到石墨烯表面。由于其表面既有亲水的丙烯酰胺链段、又有疏水的苯乙烯链段,因此其既可以分散在水中,又可以分散在非极性溶剂二甲苯中。

另一种策略是利用石墨烯片层间的静电排斥来抵消其层间范德瓦耳斯力,以避免其在水中不可逆的聚沉。在前文中提到,使用碱溶液加热还原或在还原过程中保持碱性环境,有助于 rGO 在水溶液中保持分散。Li 等指出,用肼还原氧化石墨烯时,其边缘的羧酸不受影响,因此如果将其去质子化,就能提供足够的静电排斥(Zeta 电位≤-30 mV)以克服层间范德瓦耳斯吸引力[图 2-18(a)(b)]。具体而言,在氧化石墨烯水分散液中加入氨(将其 pH 升高至 10)和矿物油(以避免空气/水界面处的片层团聚),用肼还原后,可获得稳定的石墨烯水分散体[图 2-18(c)]。不过,这样的 rGO 分散液对 pH 变化和"硬"电解质如氯化钠都相当敏感。使用电荷稳定剂可改善 rGO 分散液的稳定性、降低其对 pH 的敏感性。

图2-18 rGO 在溶剂中的分散性

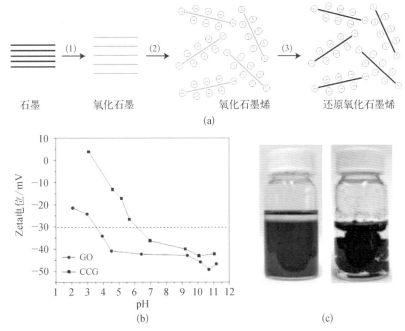

(a)以石墨为原料,进行插层氧化反应、片层分散、还原,制备分散的还原氧化石墨烯示意(若在还原反应后 rGO 仍保持荷电的状态,其就能保持分散);(b)GO 和 rGO 在不同 pH 下的 Zeta 电位;(c)体系中加入氨水后 rGO 有效分散在水溶液中(左),中性体系下 rGO 发生聚沉(右)

溶液中的添加剂和对 rGO 的改性可能会对后续产物的导电性和机械性能等产生负面影响,因此研究者还是期望得到无添加剂的 rGO 分散液。Park 等提出,氧化石墨烯的水分散液用 9 倍体积的 DMF 稀释后,用水合肼还原能产生稳定的 rGO 分散液,并且这种分散液可以用 9 倍体积的 DMF、DMSO、THF 或 NMP 进一步稀释。这种方法得到的 rGO 分散液中含水量可以小于 1%。

2.2.3 不同宏观形态的 rGO 的制备及性质

将 GO 还原得到的 rGO 有不同的宏观形态,包括粉体 rGO、rGO 泡沫或气凝胶、rGO 薄膜、rGO 纸、rGO 纤维等。其中,粉体 rGO 可由氧化石墨或氧化石墨烯粉体还原直接得到,也可由氧化石墨烯分散液还原后分离并适当干燥(冷冻干燥或超临界干燥以避免团聚)后得到。rGO 泡沫或气凝胶等具有三维结构的材料将在相关章节详细论述。在此将对其他几种宏观形态的 rGO 作简要介绍。

1. rGO 薄膜

rGO 薄膜是以 rGO 为组成单元形成的薄膜,它既可以由 rGO 分散液为前驱体制备,又可以通过还原氧化石墨烯薄膜得到。以氧化石墨烯薄膜作为前驱体制备 rGO 薄膜时,通常使用的还原方法包括肼蒸气还原和退火还原。通常高温退火制备得到的 rGO 薄膜质量更高,面电阻更低,且随着温度的升高所得 rGO 薄膜质量有所改善。虽然 rGO 薄膜可能具备较大的成本优势,然而由于其中缺陷较多,电导率等特性暂时无法与 CVD 法制备的石墨烯薄膜相比。

2. rGO 纸

rGO 纸是由 rGO 组成的、宏观形貌类似纸张的自支撑的材料,其具有良好的导电性。rGO 纸可以由石墨烯分散液为原料抽滤得到,也可以由氧化石墨烯纸还原得到。

Li 等以 rGO 分散液为前驱体,用抽滤法制备 rGO 纸,其制备过程与氧化石墨烯纸相似。所得 rGO 纸层间距约为 0.39 nm,机械强度较低(杨氏模量 20.5 GPa,拉伸强度 150 MPa,面电导率约 7 200 S·m^{-1})。经 500℃ 退火后,rGO 纸结构有序化,层间距缩小至 0.34 nm,电导率达 35 000 S·m^{-1},机

石墨烯制备技术

械强度也得到改善(杨氏模量 41.8 GPa,拉伸强度 293.3 MPa)。

对氧化石墨烯纸进行还原也可得到 rGO 纸。Compton 等用抽滤法得到氧化石墨烯纸后,加热并加入水合肼溶液抽滤,将其还原。所得 rGO 纸张不甚均匀,因此具有较低的电导率(200 S·m^{-1})和机械强度(杨氏模量 3.0 GPa,拉伸强度 13.2 MPa),300℃下退火后这些性质有所改善。这种方法操作简单,因而被广泛应用。Cote 等提出了一种光热还原法,利用氙灯闪光将氧化石墨烯纸还原为 rGO 纸(施加能量为 0.1~2 J·cm^{-2})。这一方法使 rGO 纸的厚度增大了两个数量级(达到了 1 mm),这可能是由于反应过程中含氧基团反应形成气体导致 rGO 变得蓬松。这种 rGO 纸电导率约为 1 000 S·m^{-1}。若使用特定的掩模板,能实现对 rGO 纸的选区还原,形成诸如叉指电极等的图案化导电结构。

3. rGO 纤维

rGO 纤维是由氧化石墨烯定向组装形成的一维宏观材料。通常 rGO 纤维是由氧化石墨烯纤维还原得到的。不过直接还原得到的 rGO 纤维力学性质通常不高(抗张强度 140 MPa,杨氏模量 7.7 GPa),与石墨烯的理论强度相差很大。Xu 等就此提出以下策略[13]:(1) 通过引入共价键或非共价键来增强层间相互作用;(2) 减少石墨烯片层的结构缺陷;(3) 增强石墨烯片层沿纤维轴向的定向排列。例如,在制备氧化石墨烯纤维时添加氯化钙后,由于钙离子与含氧基团配位成键,rGO 纤维中片层紧凑致密地堆叠在一起(图 2-19),片层间相互作用增强[21]。如此形成的纤维强度明显增大,用碘化氢溶液还原后所得 rGO 纤维抗张强度达 501.5 MPa,杨氏模量达 11.2 GPa。同时,其电导率也有所提高,达(3.8~4.1)× 10^4 S·m^{-1}。

图 2-19 不同分辨率的 rGO 纤维的界面 SEM 照片[21]

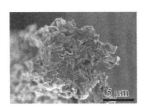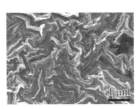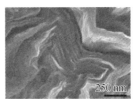

参考文献

[1]　He H, Klinowski J, Forster M, et al. A new structural model for graphite oxide[J]. Chemical Physics Letters, 1998, 287(1): 53 - 56.

[2]　Compton O C, Nguyen S T. Graphene oxide, highly reduced graphene oxide, and graphene: versatile building blocks for carbon-based materials [J]. Small, 2010, 6(6): 711 - 723.

[3]　Brodie B C. On the atomic weight of graphite [J]. Philosophical Transaction of the Royal Society, 1859, 149: 249 - 259.

[4]　Staudenmaier L. Verfahren zur darstellung der graphitsäure[J]. European Journal of Inorganic Chemistry, 1898, 31(2): 1481 - 1487.

[5]　Hummers W S, Offeman R E. Preparation of graphitic oxide[J]. Journal of the American Chemical Society, 1958, 80(6): 1339.

[6]　Kovtyukhova N I, Ollivier P J, Martin B R, et al. Layer-by-layer assembly of ultrathin composite films from micron-sized graphite oxide sheets and polycations[J]. Chemistry of Materials, 1999, 11(3): 771 - 778.

[7]　Hirata M, Gotou T, Horiuchi S, et al. Thin-film particles of graphite oxide 1: High-yield synthesis and flexibility of the particles[J]. Carbon, 2004, 42(14): 2929 - 2937.

[8]　Marcano D C, Kosynkin D V, Berlin J M, et al. Improved synthesis of graphene oxide[J]. ACS Nano, 2010, 4(8): 4806 - 4814.

[9]　Peng L, Xu Z, Liu Z, et al. An iron-based green approach to 1-h production of single-layer graphene oxide[J]. Nature Communications, 2015, 6(1): 5716.

[10]　Gurzęda B, Florczak P, Kempiński M, et al. Synthesis of graphite oxide by electrochemical oxidation in aqueous perchloric acid[J]. Carbon, 2016, 100: 540 - 545.

[11]　Pei S, Wei Q, Huang K, et al. Green synthesis of graphene oxide by seconds timescale water electrolytic oxidation [J]. Nature Communications, 2018, 9(1): 145.

[12]　Paredes J I, Villar-Rodil S, Martínez-Alonso A, et al. Graphene oxide dispersions in organic solvents[J]. Langmuir, 2008, 24 (19): 10560 - 10564.

[13]　Xu Z, Gao C. Graphene in macroscopic order: liquid crystals and wet-spun fibers[J]. Accounts of Chemical Research, 2014, 47(4): 1267 - 1276.

[14]　Narayan R, Kim J E, Kim J Y, et al. Graphene oxide liquid crystals:

discovery, evolution and applications[J]. Advanced Materials, 2016, 28 (16): 3045 -3068.

[15] Naficy S, Jalili R, Aboutalebi S H, et al. Graphene oxide dispersions: tuning rheology to enable fabrication[J]. Materials Horizons, 2014, 1(3): 326 – 331.

[16] Eda G, Fanchini G, Chhowalla M. Large-area ultrathin films of reduced graphene oxide as a transparent and flexible electronic material[J]. Nature Nanotechnology, 2008, 3(5): 270 – 274.

[17] Pang S, Tsao H N, Feng X, et al. Patterned graphene electrodes from solution processed graphite oxide films for organic field effect transistors[J]. Advanced Materials, 2009, 21(34): 3488 – 3491.

[18] Li X, Zhang G, Bai X, et al. Highly conducting graphene sheets and Langmuir-Blodgett films [J]. Nature Nanotechnology, 2008, 3(9): 538 – 542.

[19] Dikin D A, Stankovich S, Zimney E J, et al. Preparation and characterization of graphene oxide paper[J]. Nature, 2007, 448(7152): 457 – 460.

[20] Park S, Lee K-S, Bozoklu G, et al. Graphene oxide papers modified by divalent ions — Enhancing mechanical properties via chemical cross-linking[J]. ACS Nano, 2008, 2(3): 572 – 578.

[21] Xu Z, Zhang Y, Li P, et al. Strong, conductive, lightweight, neat graphene aerogel fibers with aligned pores[J]. ACS Nano, 2012, 6(8): 7103 – 7113.

[22] Chua C K, Pumera M. Chemical reduction of graphene oxide: a synthetic chemistry viewpoint[J]. Chemical Society Reviews, 2014, 43 (1): 291 – 312.

第 3 章

石墨烯的 SiC
外延技术

碳化硅(SiC)是由硅和碳以 1∶1 的原子个数比例组成的宽禁带 (2.3～3.3 eV)半导体,因具有优异的材料性能(如高导热性和化学稳定性)而被应用于高功率器件、高温控制器、传感器、高压开关以及微波元器件中。目前有多家公司已经实现了 SiC 晶体的规模化制备,并可以实现对其晶体结构及掺杂浓度的精准调控。这些技术储备为碳化硅上外延制备石墨烯打下了良好的基础。

"外延"一词来源于希腊语 epi,意思是"上方",或"有序的方式"。这意味着晶体基底上的晶体层随着基底结构生长,沉积层被称为外延层。SiC 上外延生长石墨烯和传统的外延有些不同,是通过表面 Si 的耗尽实现 C 原子的重排,在高温低压下形成 sp^2 的杂化结构(即形成石墨烯)。

SiC 上外延制备石墨烯的优势在于可以在半绝缘的 SiC 衬底上直接实现图案化进而制备出性能良好的电子器件。这一技术无须提供烃类碳源,无须转移,因此所制备的石墨烯是十分洁净的。该技术不足之处在于其 Si 的升华难以控制,因此不易控制石墨烯的层数。

3.1   SiC 衬底及预处理

碳化硅(SiC)是 IV-IV 族半导体化合物材料,主要由共价 Si-C 键组成(88%共价键和 12%离子键)。晶体结构由 Si 和 C 原子的双层紧密堆积组成,其基本单元是具四重对称性的共价键四面体,由 SiC_4 和 CSi_4 组成[图 3-1(a)]。两个相邻的硅或碳原子之间的距离约 3.08 Å,而碳原子和硅原子之间非常强的 sp^3 键使它们之间的距离变得非常短,约为 1.89 Å。图 3-1(a)中硅层之间的距离约为 2.51 Å。晶胞通过四面体的角上原子

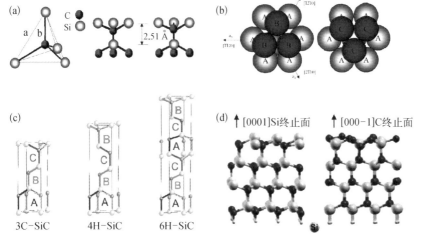

图 3-1 碳化硅的
晶体结构

（a）碳和硅组成的共价键四面体结构；（b）六方纤锌矿晶胞中原子的密排堆积结构；
（c）3C-SiC、4H-SiC 和 6H-SiC 的堆垛顺序；（d）碳化硅极性面示意

结合，相邻的四面体有两种可能的取向（旋转 60°），各种旋转和平移导致
了 c 轴的 Si-C 双层的许多不同的堆垛结构[1]。

　　对于六方纤锌矿晶胞中原子的堆垛，有不同的排列方式。图 3-1(b)
表示出在六方密排原子的上或下堆积的位置，用位置 A 表示第一层原子，
其上一层原子可以位于位置 B 或者位置 C。因此，最简单的排列方式是
2H（…ABAB…），而 SiC 最常见的形式通常是 4H（…ABCBABCB…）和
6H（…ABCACBABCACB…）。SiC 还有一种结构，即为立方（闪锌矿）结
构（3C-SiC），其堆垛顺序为…ABCABC…（或…ACBACB…）。上述 SiC
结构表示方法为描述多型体常用的 Ramsdell 表示法（Heinz，2004）：多
类型名称中的数字表示重复该模式所需的层数，多类型名称中的字母对
应于晶体系统的第一个字母（C 表示立方体，H 表示六方，R 表示菱
面体）。

　　图 3-1(c)显示了 3C、4H 和 6H-SiC 的堆垛顺序，由于立方晶系的
堆垛顺序与六方晶系相比没有旋转，因此 3C 结构以直线进行，并且六边
形结构以 Z 字形图案进行。4H-SiC 中的 A 位置是立方体位置，B 位置
是六角形位置。在 6H-SiC 中，A 位置是六角形的位置，B 和 C 是立方形

的。目前人们已经发现了 200 多种碳化硅多型体,其中一些具有数百个双层的堆叠周期。SiC 的性质取决于多型体以及多型体中的原子位置及其周围环境。

由于缺乏旋转对称性,纤锌矿和闪锌矿结构都具有极轴。SiC 的极性可以相对于双层中 Si 原子的位置来定义(Bolen,2009)。在 SiC 的 Si 面中,Si 原子占据双层中的顶部位置,而在 SiC 的 C 面中,顶部位置被 C 原子占据[图 3 - 1(d)]。SiC 的极性面对于石墨烯外延的结果影响很大,这将在 3.3 节和 3.4 节中重点介绍。

一般而言,衬底表面的质量对于半导体外延技术十分关键。碳化硅上外延石墨烯也不例外,使用含有机械损伤和氧化区域的不均匀表面的晶片会导致器件性能的降低。商用的机械抛光 SiC 表面常常被损坏,并且在 AFM 测量结果中表现出高密度的划痕[图 3 - 2(a)][2],这对于外延生长石墨烯是十分不利的。因此,在外延生之前,往往需要进行预处理,使 SiC 表面变得尽可能平整。目前常用的方法主要是热退火[3,4]、氢气刻蚀[2,5]以及 SiF_4 辅助的刻蚀技术。

氢气刻蚀是碳化硅表面处理的常用技术,通常是在 CVD 反应室中,在氢气的氛围下退火,从而除去 SiC 上的抛光损伤,并提供具有原子平坦的平台,用于石墨烯的外延生长。对 SiC 衬底的 Si 终止面进行氢气刻蚀表明,最佳的氢流量约为 0.5 L・min^{-1}(slpm),气体压强为一个大气压,温度约为 1 500℃[图 3 - 2(c)]。在 SiC 衬底的 C 终止面上的氢刻蚀工艺一般选取 1 350~1 550℃ 的温度,氢气氛围的压强约 200 mbar[①],流速约为 5 slpm。温度过高或处理时间过长均会导致凹坑表面的形成,主要是由于优先刻蚀与表面相交的螺纹螺旋位错导致的。工艺摸索的研究表明,1 450℃ 处理 0 min(也常被称为"闪退")的工艺可以得到平坦的表面(台阶宽度达 550 nm)。

考虑到纯氢气刻蚀对 SiC 表面造成损伤(上文提到的"凹坑"),这些

---

① 1 巴(bar)=100 千帕(kPa)。

图 3-2　SiC 表面的预处理[7]

（a）机械抛光所得 SiC 表面 AFM 图像；（b）热退火所得 SiC 表面；（c）氢气刻蚀所得 SiC 表面[5]；（d）SiF₄辅助刻蚀所得 SiC 表面

缺陷主要是因为硅元素的挥发造成的，因此人们考虑使用富硅的体系，比如使用 SiH₄、SiF₄辅助刻蚀处理 SiC 表面[6,7]。在高温下，SiH₄或 SiF₄会发生分解，提供更多的 Si 蒸气，从而平衡其浓度，防止凹坑的产生。Tangali S. Sudarshan 课题组的研究表明，当 SiF₄流量为 10 sccm[mL/min（标）]、H₂的流量为10 slpm时，在 1 600℃下刻蚀，可以得到大面积的表面粗糙度（RMS）为0.5 nm的平台[7]。

　　SiC 表面预处理还可以用于石墨烯纳米带的生长。De Heer 课题组在 2010 年提出，可通过活性离子刻蚀的方法实现（1～10 nm）的刻蚀面，从而为自组织石墨烯生长准备晶面，如此成功地制备出 20～40 nm 宽的石墨烯纳米带[8]。

3.2 SiC 表面的石墨化

石墨烯在 SiC 表面生长实际上是在一定条件下的石墨化过程,可以在不同的生长方式下进行。从能量供给的角度来讲,可采用高温实现,也可以采用激光等高能诱导。从碳源供给角度来讲,碳化硅中本来即含有碳,可通过表面重构的方式实现石墨化,也可以采取分子束外延的方式,额外提供碳源实现石墨化。SiC 上外延石墨烯的结构和 SiC 的表面息息相关,一般来讲,在 SiC 的硅终止面上容易形成多层石墨烯,而在碳终止面上容易形成单层石墨烯。

3.2.1 高温退火

高温退火实现石墨化过程是常用的方法,不论是碳终止面还是硅终止面,其外延石墨烯的生长机理是由相同的物理过程驱动的:高温下硅原子的蒸气压更高,从而具有比 C 更快的升华速度,由于在高温低压下,sp^2 的成键结构更加稳定,剩余的 C 在表面上形成石墨烯膜。目前大多数碳化硅外延制备石墨烯采用的是射频感应加热的方式,依靠在感应线圈中通入高频的交变电流,从而在炉体石墨坩埚中形成涡流电场,实现对碳化硅衬底的加热。这种方式可以很方便地实现 1 600℃ 的高温[图 3 - 3(a)][9]。

对于不同的碳化硅类型(如 4H - SiC、6H - SiC 和 3C - SiC),其表面的分解能也是不同的。图 3 - 4 给出了上述三种碳化硅类型的表面分解能。4H - SiC 具有两种分解能,分别为 4H1(- 2.34 meV)和 4H2(6.56 meV),6H - SiC 具有三个不同的阶梯,6H1(- 1.33 meV)、6H2(6.56 meV)和 6H3(2.34 meV),而 3C - SiC 只有一种平台 3C1(- 1.33 meV)。在生长过程

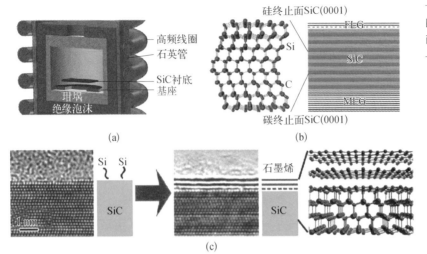

图 3-3 碳化硅表面石墨化过程

硅终止面SiC(0001)

Si

C

碳终止面SiC(0001)

FLG

SiC

MLG

(a)

(b)

Si Si

SiC

石墨烯

SiC

1 nm

(c)

（a）射频感应加热装置[1]；（b）碳化硅外延石墨烯的结构；（c）碳化硅外延生长石墨烯的过程[9]

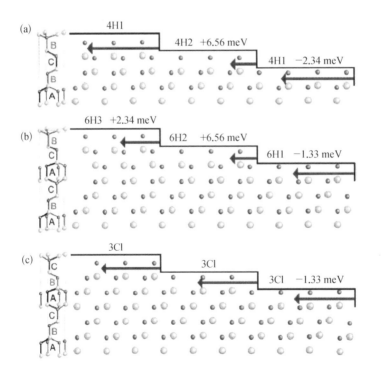

图 3-4 不同类型碳化硅的表面分解能[10]

(a)

B
C
B
A

4H1

4H2 +6.56 meV

4H1 −2.34 meV

(b)

B
C
A
C
B
A

6H3 +2.34 meV

6H2 +6.56 meV

6H1 −1.33 meV

(c)

C
B
A
C
A

3Cl

3Cl

3Cl −1.33 meV

石墨烯制备技术

中,由于 Si 和 C 原子在台阶边缘附近结合得更弱,与平台区域相比,Si 更容易从这些区域脱附,石墨烯在 SiC 衬底表面的分布并不均匀。值得注意的是包含在 SiC 衬底的约三个 Si-C 双层中的 C 足以供给一层石墨烯的形成[10]。

基于上述对 4H-SiC 的台阶能量的分析,移除 4H1 台阶将耗费更少的能量。因此,对于 4H1 台阶,台阶分解速度将更快。整个过程可以通过图 3-5 表示,从无石墨烯表面 4H1 阶梯的边缘,随着 Si 原子离开表面(阶段 1),C 原子扩散到平台上。C 原子聚集形核成为石墨烯岛(阶段 1 和阶段 2)并逐渐长大。在 4H1 台阶步骤捕捉到 4H2 步骤之后,与单层高度步骤相比,新形成的双 SiC 层的高度台阶提供更多的 C 原子,并且第一层石墨烯沿台阶边缘(阶段 2)延伸。由于一些额外的 C 将被释放,所以具有四个 Si-C 双层的大部分聚束台阶(即增加的碳源)将形成第二层石墨烯(图 3-5,阶段 3)。因此,仅用一层石墨烯就能完全覆盖 4H-SiC 衬底表面可能是一个问题。

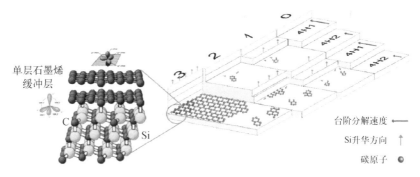

图 3-5 Si 原子在 SiC 表面升华并形成石墨烯的过程[1]

在 6H-SiC 上外延石墨烯和上述过程类似,也符合能量最小化的生长机制[图 3-4(b)]。第一步,6H1 将捕获 6H2 并形成两个 Si-C 双层。然后开始步骤 6H3 并与双层步骤合并。6H-SiC 生长过程中比较特殊的是,在其上生长的石墨烯形成明显的台阶束。当石墨烯形成时,表面形成一层台阶,同时形成了明显的台阶束,进而形成更大更多的台阶。在 3C-SiC 上,所有的平台具有相同的分解能[图 3-4(c)],原理上并不会得到台阶束。在这种类型的 SiC 中,升华的不均匀性可能由于存在扩展缺陷如堆垛层错而引起。

3.2.2　激光诱导

除了使用高温的方式,激光提供高能也可以实现 SiC 表面外延石墨烯,这种方式具有很好的应用前景[11,12],因为这种方式可以结合激光打印技术,同时实现石墨烯的生长和图案化。有意思的是,这种方法可以不需要对 SiC 进行预处理,也无须在高真空环境下进行,激光提供的局部高温局限于 SiC 表面,因此可以使周围环境的温度保持在室温状态,这有利于其实现商业化的 SiC 上外延石墨烯的器件。

Ohkawara 在 2003 年的工作表明,将 SiC 暴露在 Nd：YAG 激光束下可以产生 sp^2 杂化的碳,EDX、拉曼光谱以及 XRD 的研究表明确实具有很强的石墨的峰,但是当时的条件下,作者并未对所生成石墨的层数进行详细表征。这一实验虽然在石墨烯发现之前,但是对于后续的工作具有很好的指导意义,他们尝试了多种气氛如氩气、二氧化碳和空气,均能制备出石墨。

2011 年,Alberto Salleo 课题组提出使用 KrF 脉冲激光(波长 $\lambda \approx$ 248 nm,脉冲时长 25 ns)照射 SiC 表面生长石墨烯。他们采用了反射高能电子衍射(Reflection High-Energy Electron Diffraction,RHEED)原位检测的技术,对石墨烯在 SiC 上外延生长过程有了更加深入的理解。通过调整激光的能量密度,控制石墨烯的层数。同时,他们还实现了 SiC 衬底上图案化的石墨烯生长,STM 表征结果显示其微观结构十分完美,证实了这种方法与目前电子器件制备的兼容性(图 3 - 6)[11]。

相比于 KrF 脉冲激光器,二氧化碳激光器成本更低,2012 年,Spyros N. Yannoplulos 等报道了一种二氧化碳激光器(波长 10.6 μm)作为热源,大面积快速地在 SiC 表面外延石墨烯的方法。他们启用了极端的加热和冷却速度,以控制外延石墨烯的堆叠顺序。由于不需要 SiC 预处理和高真空环境,这种方法为外延石墨烯提供了一种绿色的制备方法。

图3-6 激光诱导
碳化硅表面石墨化
外延生长石墨烯

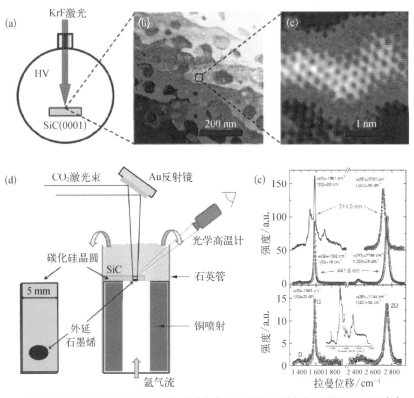

（a）KrF 激光诱导 SiC 石墨化示意；（b）(c) KrF 激光诱导生长的石墨烯 STM 成像[11]；
（d）二氧化碳激光器诱导 SiC 表面石墨化装置示意；（e）二氧化碳激光器诱导生成的石墨烯的
拉曼光谱[12]

3.2.3　分子束外延

分子束外延(Molecular Beam Epitaxy,MBE)是一种基于加热靶材,使产生的原子或分子束投射到一定取向一定温度的清洁衬底上形成高质量薄膜的技术。MBE 通常用于半导体薄膜的制备,但用于石墨烯外延的比较少。2010 年前后,开始有课题组相继报道采用 MBE 的方法在 SiC 上外延石墨烯[13,14]。J.-J. Gallet 课题组选取 6H 和 4H-SiC(000$\bar{1}$)作为衬底,预处理后采用超高真空-分子束外延(UHV-MBE)系统,以石墨片为碳源,进行分子束外延生长。生长过程中衬底温度选取为 1 030～1 050℃,碳源流量大约为 7×

10^{12} atom/($cm^2 \cdot s$),在 MBE 生长完之后,需要进一步高温石墨化,才可以得
到较高质量的石墨烯(1 140℃,10 min)[13]。Jeongho Park 课题组则对比了
不同碳源、碳源量以及衬底温度对 MBE 在 SiC 上外延生长石墨烯的影
响[14]。他们发现,采用 C_{60} 为碳源,不论是大流量还是小流量,其拉曼光谱
中 2D 峰均比较弱,并且其分峰结果表明是多层石墨烯。而使用石墨片为碳
源,则可以得到大面积均匀的石墨烯,其拉曼 2D 峰的半峰宽仅为39 cm^{-1}。
这说明石墨片是用于 MBE 外延生长石墨烯较好的碳源(图 3 - 7)。

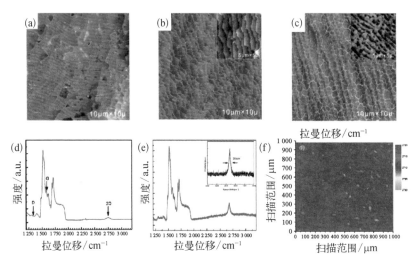

图 3 - 7 SiC 衬底
上分子束外延石
墨烯

(a)采用低流量 C_{60} 作为碳源在 SiC(0001)上 MBE 外延石墨烯的 AFM 图像(C_{60} BEP:
5×10^{-8} Torr①);(b)采用高流量 C_{60} 为碳源的外延结果(C_{60} BEP: 8.5×10^{-8} Torr);(c)采用
石墨片作为碳源的外延结果;(d)C_{60} 为碳源生长的石墨烯拉曼光谱;(e)石墨片为碳源生长的石
墨烯拉曼光谱;(f)石墨片为碳源生长的石墨烯拉曼 2D 峰的分布[14]

3.3 极性面上的生长

通过 SiC 晶片的高温退火来外延生长石墨烯是石墨烯大面积生产的

---

① 1 托(Torr)=133.3 帕(Pa)。

有效方法。用于生长外延石墨烯最常用的 SiC 多型结构是 4H - SiC 和 6H - SiC。这两种 SiC 多型体都是极性的,分为 Si 终止面和 C 终止面,Si 终止面又常被表示为 SiC(0001)面,而 C 终止面被表示为 SiC(000$\bar{1}$)。

外延石墨烯形成的环境条件对 SiC 的两个极性面中的石墨烯质量影响很大。例如,在超高真空(UHV)的 SiC(0001)上外延石墨烯的生长产生具有低质量和小晶粒的石墨烯层。在 SiC 退火时,硅原子以高升华速率离开表面,并且碳原子留在表面上。这是一个远离平衡的过程,导致 SiC 衬底变粗糙。已有研究表明,与在较低温度下较长时间的加热相比,通过使用短时间的高温退火可以生产更均匀的石墨烯层。通过使用更高的退火温度,C 和 Si 原子的动能和迁移率将增加,从而使得表面重构更容易。然而,这应该在石墨烯层形成之前完成,并且为了避免完全石墨化,应该抑制 Si 升华。这可以通过控制 Si 背景压力来完成,比如采用氩气、二硅烷气体等平衡 Si 的压力,通过限域的腔体保持 Si 的平衡。

迄今为止,大多数关于外延石墨烯生长的研究集中于生长在 Si 和 C 极性面上的石墨烯上;两面的生长机制是由第 3.2 节中解释的相同物理过程驱动的。外延石墨烯的生长及其最终结构,生长形态和电子性质强烈依赖于最初暴露的 SiC 极性面。为了均匀生长石墨烯,Si 面是更好的选择。

3.3.1 Si 终止面上外延

Si 面上石墨烯最突出的优点是可以很容易地控制晶片级 SiC 衬底上石墨烯的厚度。这种控制可以通过优化生长温度和 Ar 压力来达到。Si 石墨表面上的单层石墨烯的生长是通过阶梯流过程进行的(图 3 - 5)[15]。在这一面上,Si 升华导致最初在边缘成核并形成富含 C 的($6\sqrt{3} \times 6\sqrt{3}$) $R30°$ 的结构(简称为 $6\sqrt{3}$),这些结构也具有和石墨烯一样的蜂窝状结构,但是因为它们中 C 原子与 Si 或 SiC 边界形成 sp³ 杂化的共价键比例会超过 30%，因此其电子能带结构与石墨烯相差很多，被称为缓冲层或零层石墨烯。由于这种 $6\sqrt{3}$ 的结构与衬底的强耦合，缓冲层并没有石墨烯的性质，但是这为进一步外延生长石墨烯提供了基础。在形成缓冲层之后，进一步加热会导致缓冲层下面的 SiC 双层分解，导致新的碳层成核（图 3-5 左图）。目前普遍认为：① 具有 $6\sqrt{3}$ 结构的缓冲层在 Si 面上作为石墨烯的模板层，确保在该表面上形成有序石墨烯[15]；② 通过进一步的 Si 升华，第二个 $6\sqrt{3}$ 结构形成，并位于第一层的下方，进而与基板分离并形成单层石墨烯[16]。

图 3-8 给出了 SiC(0001) 外延过程中表面重构的相变过程，实际上，在外延时，并非一步即形成 $(6\sqrt{3}\times6\sqrt{3})R30°$ 的相，而是经历了 (3×3) 重构（A1 步骤）、$(\sqrt{3}\times\sqrt{3})R30°$（A2 步骤）重构再形成 $(6\sqrt{3}\times6\sqrt{3})R30°$ 缓冲层（A3 步骤）。A1 过程表示在富硅的表面形成 (3×3) 重构的过程，可以通过在 800℃ 氢气氛围下刻蚀形成 (3×3) 的相，同时硅的沉积速度约为 $1\ \text{ML}\cdot\text{min}^{-1}$。$(3\times3)$ 的相中，Si 原子层以 sp^2 的杂化方式结合，覆盖在 SiC 表面，在最顶层，硅的团簇以 (3×3) 的周期排列。A2 过程是在 (3×3) 的相基础上加热退火（如 950℃，30 min），形成 $(\sqrt{3}\times\sqrt{3})R30°$ 的相。在这个过程中，表面经历了几个亚稳态的相[如 (1×1) (6×6) 和 $(\sqrt{7}\times\sqrt{7})$]。

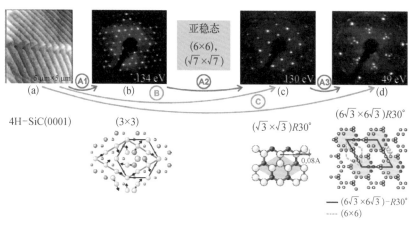

图 3-8 SiC(0001) 表面重构过程

（a）经过氢刻蚀之后的 4H-SiC(0001) 表面 AFM 图像；（b）(3×3)、（c）$(\sqrt{3}\times\sqrt{3})$ R30° 和（d）$(6\sqrt{3}\times6\sqrt{3})$ R30° 相的 LEED 衍射图及相应的原子排布[15]

　　　　　　　　　　　　　　　　石墨烯制备技术

A3 过程是在 $(\sqrt{3}\times\sqrt{3})R30°$ 相基础上继续高温退火（1 100℃，无硅沉积）而形成 $(6\sqrt{3}\times6\sqrt{3})R30°$ 相。

在碳化硅外延过程中，硅的背景压力控制对于其相变过程起着决定性作用。图 3-9 即表示出各个相变发生的条件温度以及硅压力的关系。从温度-压力相图上看，随着温度逐渐增高，开始发生图 3-8 的那些相变，同时也和 Si 的背景压力息息相关。红色、绿色和蓝色线是不同相所在区域的边界，最低的黑线表示 Si 衬底上 Si 的蒸气压，而最高的黑线表示 SiC 衬底上 Si 的蒸气压[17]。

图 3-9　4H-SiC（0001）表面的压力-温度相图及相应的外延的压力-温度相图[17]

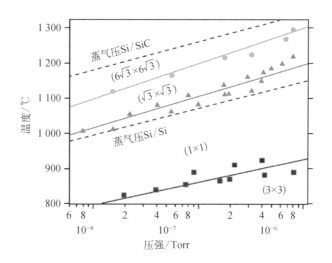

温度的控制对于 SiC 表面重构及石墨烯的形成也十分重要，表 3-1 列举了一些课题组采用的生长条件。早期人们在 SiC 上外延石墨烯主要是为了器件加工，所以很多课题组采用在超高真空腔室中退火的方法，这种方法的好处在于方便集成原位的表征技术，比如低能电子衍射（Low-Energy Electron Diffraction，LEED），高能电子衍射（Reflection High-Energy Electron Diffraction，RHEED），低能电子显微镜（Low-Energy Electron Microscopy，LEEM）以及各种光电子能谱（如 XPS、XRD）等。如图 3-8 中描述，一般来讲，欲得到石墨层，需要将 SiC 的退火温度升高到 1 080℃以上，进一步升高到 1 350℃才会得到高质量的石墨烯薄膜。随

后，在刚刚形成的碳层之下，SiC 的顶层会形成 Si 的空位，并逐渐形成新的石墨层。Starke 等的实验结果表明，在超高真空（Ultra High Vacuum，UHV）条件下加热到 $1100 \sim 1250$℃可以形成富碳的 $(6\sqrt{3} \times 6\sqrt{3})R30°$ 缓冲层，继续加热到 1300℃，会在缓冲层之上形成石墨烯。不同课题组的实验结果有些偏差，形成 $(\sqrt{3} \times \sqrt{3})R30°$ 重构的温度范围存在 200℃的浮动，而形成 $(6\sqrt{3} \times 6\sqrt{3})R30°$ 缓冲层及石墨烯层的温度范围浮动约 400℃（表 3-1）。这些课题组使用温度的差别来源于其真空体系、衬底前处理情况以及加热时间等。因此，欲在超高真空体系下得到 SiC 外延石墨烯，可以在如下的实验条件进行摸索：① 将 SiC 衬底置于 UHV 体系中，真空度达到 10^{-10} Torr；② 在氢气氛围下 1600℃退火，或者在硅蒸气补充下 $800 \sim 1100$℃退火对衬底进行前处理；③ 继续在高温 $1200 \sim 1500$℃条件下退火几十分钟（Lu，2010）。

是否氢刻蚀	$T(\sqrt{3} \times \sqrt{3})$ /℃	$T(6\sqrt{3} \times 6\sqrt{3})$ /℃	石墨烯生长温度 /℃	课题组
是	—	1 150	>1 285	Luxmi
是	950	1 100	1 200	Starke
是	—	1 400	1 500	Jernigan
否	—	1 000	—	Bommel
否	1 100	1 250	—	Rollings
是	1 000	1 250	1 350	Riedl
否	—	1 100	1 200	Huang
否	—	<1 080	1 200	Charrier
否	1 050	1 150	1 400	Seyller
否	1 100	1 250	1 550	Aoki
是	1 100	1 250	1 400	Berger
否	1 050	1 200	>1 200	Park
否	—	1 100	>1 100	Chen
否	900	1 000	—	Johansson
否	1 050	1 060	1 160	Hannon
否	1 050	1 150	1 350	Forbeaux

表 3-1 温度的控制对表面重构及硅终止面外延石墨烯的影响

很多高真空体系实际上是从 CVD 腔室的基础上改进的,或采用热壁 CVD 的腔室,或者使用 RF 加热的冷壁 CVD 加热方式,与 CVD 气体供料系统结合,通过增加分子泵,即可实现高真空的体系。Bolen 等即报道了使用 RF 加热的冷壁 CVD 实现 SiC 上石墨烯的外延。其加热温度可达到 1 600℃,真空度为 4×10^{-5} Torr(Bolen,2009)。Kusunoki 等采用碳加热装置在真空炉(真空度 10^{-6} Torr)在 SiC 的 Si 终止面上形成了石墨烯,它们的加热温度为 1 350~1 500℃(Norimatsu,2009)。Jernigan 等也采用了 RF 加热的 CVD 腔室,研究了 HV 和 UHV 体系的生长行为,真空度约为 10^{-4}~10^{-5} Torr,对于 HV 体系,加热温度为 1 400~1 600℃,而 UHV 体系的加热温度为 1 600℃[18]。

实际上,在 UHV 和 HV 体系中,气体的组成是不太明确的。考虑到 CVD 改装的加热装置,一般是通过 RF 感应加热或热电丝加热,需要在衬底下面加上石墨的基座,体系内还有很多不锈钢的材料,真空体系的保持采用的真空泵的类型也直接影响着体系内的气体组成。因此,每个实验室的实验条件会有一些不同。

除了在高真空或超高真空体系下生长,也有很多在氩气氛围下外延生长的报道。Emtsev 等的实验结果表明,氩气氛围下 1 650℃外延生长的石墨烯和超高真空下外延得到的迁移率相当。他们选取 6H-SiC(0001) 为外延衬底,氩气作为环境气氛,压力保持在 900 mbar[19]。Virojanadara 等则使用 2 000℃的高温,也在 SiC 的 Si 终止面上制备出了大面积均匀的石墨烯。Emtsev 等推测,在 UHV 条件下,SiC 表面远离平衡态,因此导致非常严重的挥发,从而形成很高的粗糙度。而在 Ar 氛围下外延生长,体系中存在高密度的 Ar 原子,会降低 Si 的蒸发速率,这允许更高的生长温度(从约 1 300℃提高到 >1 600℃)。更高的生长温度对于碳在表面的迁移是十分有利的,从而可以形成更加平坦的、大面积均匀的石墨烯层。

在 SiC 外延生长石墨烯过程中,可以发现台阶处更易成核,而对于台阶,实际上与衬底的斜切角度密切相关。图 3-10 显示了 Ar 环境中 8°离轴 4H-SiC(0001) 上生长厚层石墨烯的情况。结果表明,在所有生长温

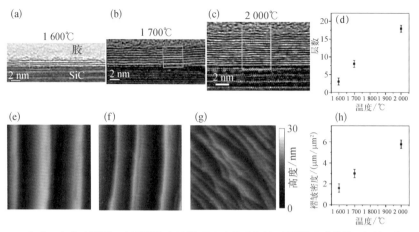

图 3- 10　Ar 氛围下不同温度外延生长石墨烯的结果

（a）～（c）1600℃，1700℃和 2000℃下 SiC 外延生长石墨烯的高分辨截面透射图像；（d）外延石墨烯的厚度随温度的变化关系；（e）～（g）1600℃，1700℃和 2000℃下 SiC 外延生长石墨烯的 AFM 图像；（h）外延石墨烯的褶皱密度随温度的变化关系[20]

度下,少层石墨烯覆盖了 SiC 表面 100～200 nm 宽的台阶,石墨烯的厚度随着温度几乎线性增长。同时,不同温度下生长的表面褶皱情况也和厚度类似,随着温度的升高,褶皱密度也几乎线性增长。

综合考虑,因为 Ar 氛围的存在,可以实现更高温度下石墨烯的外延生长,这种制备方法越来越受关注。但是仍然存在着一些问题,因为即使用非常高纯度的 Ar,也会存在有 $1\mu L/L$ 的氧气,相较于 UHV 体系,氩气氛围的生长腔室在高温下会出现一些不可预测的杂质,这些会对石墨烯的生长造成不利的影响。

在 Si 终止面上外延生长的石墨烯,因为缓冲层的存在,会影响其电学性质。TEM 和 STM 的研究表明缓冲层位于距离 SiC 的 Si 终止面 $1.97\,\text{Å}$（De Lima,2013）、$2.0\,\text{Å}$（Norimatsu,2009）、$2.3\,\text{Å}$（Borysiuk,2009）或 $2.5\,\text{Å}$（Rutter,2007）。这些间距虽然有所不同,但是均小于石墨的面间距（$3.35\,\text{Å}$）。这么短的键长是由于缓冲层的 C 原子与来自 SiC 表面的 Si 原子共价结合。可见 SiC 外延生长的石墨烯与衬底之间的相互作用十分强烈。同时,这些缓冲层表现出大的带隙,因为悬挂键的存在,影响了其费米能级,增加了电子散射。研究发现可以通过其他元素的插层降低缓冲层对石墨烯性质的影响。在高温下氢、钠、氧、锂、硅、金、氟和锗的插层使得缓冲层与 SiC 表面上的 Si 原子之间的共价键被破坏,从而使缓冲层转化为具有石墨烯对称性和其电子结构的新石墨烯层。非金属(氟、氧和氢)嵌入与上述元素不同,因为它们与 SiC 的 Si 原子形成强共价键。但是这些元素中只有氢元素被认为是最有效的。

3.3.2 C 终止面上外延

由于 C 面的表面能($300\,erg^{①}/cm^2$)与 Si 的表面能($2\,220\,erg/cm^2$)相比要小得多,SiC 的 C 面上的外延石墨烯的生长机制与 Si 面上的生长机制明显不同。与 Si 面相比,C 面上石墨烯的生长更快,可控性更低。在该 SiC 表面合成的石墨烯似乎相对较弱地附着在下面的表面上。没有检测到缓冲层(在 SiC 表面共价键合的碳层),第一个石墨烯层距离 SiC 表面约 $3.2\,Å$,这远远不能形成碳原子之间的共价键。低能电子衍射和扫描隧道显微镜结果表明石墨烯薄膜中存在明显的旋转。由于层与层之间形成扭转角,其耦合很弱,C 面上的石墨烯的电子性质变得与独立式单层石墨烯相似。每个层的能带结构是线性的,而不是抛物线,这和 Si 终止面上的双层石墨烯形成鲜明的对比。Sprinkle 等基于 ARPES 测量,还显示在 SiC 的 C 面上生长的多层石墨烯的能带结构由多层线性分散的石墨烯带组成,所述石墨烯带源自多层石墨烯中的各个旋转层。观察到的狄拉克锥形的能带结构,认为多层外延石墨烯中的大多数石墨烯片可以被认为是理想的孤立石墨烯片。

在 $SiC(000\bar{1})$ 面上外延石墨烯的相变过程与 $SiC(0001)$ 面上类似,同样也需要经历比较复杂的表面重构过程。图 3 - 11 给出了 C 终止面上高温退火形成石墨烯的相变过程。首先通过步骤 A(氢气氛围 1 150℃退火),得到富硅的($2×2$)表面。我们采用符号$(2×2)_{Si}$表示富硅的表面重构,用来区分富碳的表面重构$(2×2)_C$。这一过程另一目的是为了除去表面氧化层。接着,在表

---

① 1 尔格(erg)=10^{-7}焦耳(J)。

面$(2\times2)_S$结构基础上,通过步骤1(1050℃退火)得到(3×3)的表面重构。继续加热,通过步骤2(1075℃),得到富碳的$(2\times2)_C$结构。继续提高温度到1150℃,$(2\times2)_C$的表面结构逐渐重构为石墨相,在这个过程中,也会发现(3×3)和$(2\times2)_C$共存的情况。值得注意的是,由氢气刻蚀预处理得到的表面到(3×3)的表面结构,也可以通过步骤B(氢气氛围1000℃退火)一步得到。

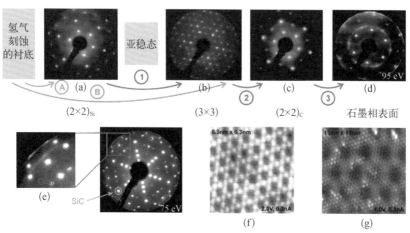

图 3 - 11 SiC (0001)表面重构过程

(a)$(2\times2)_S$、(b)(3×3)、(c)$(2\times2)_C$和(d)石墨相的 LEED 衍射;(e)石墨烯、(3×3)和$(2\times2)_C$共存的 LEED 图像;(f)(3×3)和(g)(2×2)表面结构的 STM 高分辨图像[22]

上述的过程和在 Si 终止面上外延有着明显的不同,因为在 Si 终止面上会形成缓冲层与衬底有着强的相互作用。但是在 C 终止面上不存在缓冲层,石墨烯层之间的相互作用也很弱,因此很容易形成旋转的结构。图3 - 11(e)给出了这一阶段石墨烯的低能电子衍射图,它具有明显的(3×3)和$(2\times2)_C$的衍射斑点,也存在比较弱的石墨相的衍射环。这些比较强衍射点的位置表明石墨烯和 SiC 衬底具有 30°的扭转角,但是衍射环的存在表明这些石墨烯层之间取向不一,或者存在着不同的晶畴。图 3 - 11(f)和(g)给出了(3×3)和(2×2)表面重构的 STM 高分辨图像。

和 Si 终止面上生长行为类似,随着温度的升高,石墨烯的层数逐渐增加[7]。温度提高导致的 Si 的升华提高了石墨烯的覆盖率和均匀性。同时,

石墨烯制备技术

随着温度的升高,石墨烯单晶尺寸也逐渐变大,其结晶质量得到改善,这可能与在升华生长过程中通过表面重构消除 SiC 表面缺陷有关。显微拉曼的结果表明,在 1 800℃ 得到的石墨烯层间耦合很弱,随着温度的升高,得到的石墨烯层间耦合逐渐变强,直至形成 Bernal 堆叠的结构(石墨的层间堆叠方式)。堆叠方式随着温度升高而改变归因于生长机制和缺陷辅助生长之间的竞争。在高温下,C 原子数量的增加导致围绕延伸的表面缺陷(例如划痕)形成 Bernal 叠层石墨烯层。随着厚度的增加,在石墨烯的介电函数中观察到 4.5 eV 的临界点跃迁能的红移,这伴随着极化率的增加。生长在 1 800℃ 的石墨烯表现出类石墨烯的行为,而生长在 2 000℃ 的石墨烯具有接近石墨的介电函数。SEM 分析和 TEM 结果都表明石墨烯层和 SiC 衬底之间存在界面层。发现该界面层是无定形的并且由在升华过程中被捕获的 C 和 Si 的混合物组成,并且其厚度随着生长温度的增加而增加[21]。图 3 - 12 给出了不同温度下在 SiC 的 C 终止面上外延石墨烯的结果。

图 3 - 12 不同温度下在 SiC 的 C 终止面上外延石墨烯的结果

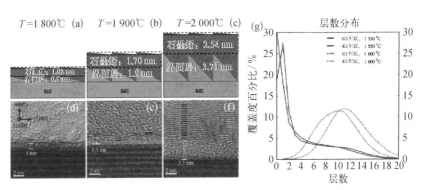

(a)~(c) 1 800℃,1 900℃ 和 2 000℃ 下石墨烯生长的模型图;(d)~(f) 三个温度下外延生长石墨烯的高分辨截面透射图像[21];(g) 不同温度下石墨烯层数及覆盖度的关系[5]

3.4 非极性面上的生长

如前所述,在 SiC 极性面上外延生长石墨烯,是在石墨烯/碳化硅界面处形成强结合的富碳层(缓冲层)。该缓冲层的存在引入了有效掺杂石墨烯的施主态,并且由于其影响石墨烯层的传输性质,因此影响了未来电子器件发展。为了解决这个问题,缓冲层插层和类悬空石墨烯是很有前途的方法。在 3.31 节已经介绍过元素插层的方法,这里主要介绍在非极性面上生长类悬空石墨烯的方法。

研究表明,在 SiC 的低指数面 $a(11\bar{2}0)$ 和 $m(11\bar{1}0)$ 上可以形成类悬空石墨烯。图 3-13 给出了 6H-SiC 晶胞上的 c-,m- 和 a-面的结构示意。表面原子排列的差异可以通过表面晶格点填充密度值[图 3-13(c)和(d)]定量,定义为给定平面上每单位面积的晶格点数。在非极性(110)和(110)面上的外延石墨烯与 c-面有着明显的不同,包括表面形态、质量和厚度等方面。

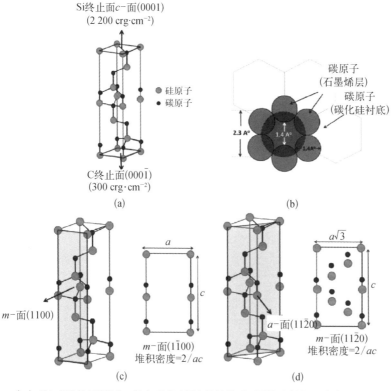

图 3 - 13　6H - SiC 晶胞上的 c-,m- 和 a-面的结构示意

（a）6H-SiC 的晶胞结构;（b）Si 终止面上连续外延石墨烯形成过程;（c）6H-SiC 的 m-面和（d）a-面结构

Jabakhanji 等研究了石墨烯在极性 6H‐SiC(000$\bar{1}$)上的外延生长和非极性(11$\bar{2}$0)面上的生长行为。AFM(图 3‐14)的结果显示在(11$\bar{2}$0)上生长的石墨烯主要是单层的石墨烯岛,并且存在轻微的掺杂。其生长得到的石墨烯电学质量与在极性面上得到的类似,都足以观察半整数量子霍尔效应。

Ostler 等研究在 4H‐SiC 的 a(11$\bar{2}$0)和 m(11$\bar{1}$0)非极性面上外延生长石墨烯,他们采用的是氩气氛围升华生长。XPS、ARPES、LEEM、LEED 测量和密度泛函理论的结果表明,类悬空石墨烯层可以直接生长在非极性 a(11$\bar{2}$0)和 m(11$\bar{1}$0)表面。实验和理论结果都证实在两个平面上都没有石墨烯的缓冲层。基于以前的报道,他们认为在 SiC 表面的 Si 原子和 C 单层之间形成四面体键是在 SiC(0001)上外延石墨烯中形成强结合界面层的驱动力。在非极性 SiC 表面的情况下,不允许形成这样的键。

Daas 等已经对 n 型 6H‐SiC 的极性和非极性平面上外延石墨烯的生长进行了比较。他们研究了极性的 Si 面、C 面和非极性的 a(11$\bar{2}$0)和 m(11$\bar{1}$0)面。图 3‐14 给出了在 1 350℃、1 400℃ 和 1 450℃ 温度下生长的石墨烯 AFM 图像。Si 表面上的外延石墨烯层在所有生长温度下都显示

图 3‐14 石墨烯在 SiC 不同面上的生长模型及结果

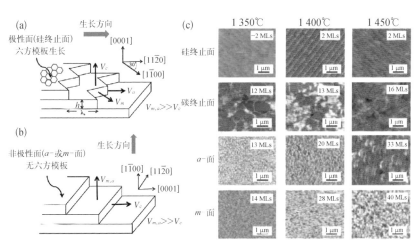

(a)在极性面(Si 终止面)上的生长模型,生长方向: [11$\bar{2}$0];(b)在非极性面(a/m面)的生长模型,生长方向: [0001];(c)在 6H‐SiC 的 Si 终止面、C 终止面、a‐面及 m‐面上外延生长石墨烯的 AFM 图

出阶梯状形态,晶粒尺寸>5 μm,rms 粗糙度<0.5 nm;而 C 面的外延石墨烯层晶粒尺寸明显要小很多;在非极性面上,外延石墨烯的表面形貌明显比极性面要差一些,其表面粗糙度大,晶粒尺寸小,这归因于非极性面缺少六角形模板、不同的表面能和非极性面上的台阶动力学。SiC 衬底的 Si 面通过表面重构成 $(6\sqrt{3} \times 6\sqrt{3})R30°$ 的结构为石墨烯的外延生长提供了六角形模板,这有利于 EG 中的长程有序[图 3-14(a)]。更大的晶界覆盖允许更大的 Si 从晶粒边缘解吸,导致非极性面上形成更厚的膜。但是在非极性面上,并没有如此有序的重构发生。可见,在非极性面上生长高质量的类悬空石墨烯依然任重道远。

3.5 立方 SiC/Si 上的生长

4H-SiC 和 6H-SiC 是石墨烯生长的理想模板。因为它们具有六方结构,可以在市场上买到,所以人们在这个领域已经做了大量的工作。与石墨烯在六方 SiC 上的生长相比,人们对立方 3C-SiC 上外延石墨烯关注较少。但是,实际上,立方相的 3C-SiC 的(111)表面同样与石墨烯的六重对称性天然相容。已有一些研究小组关注在沉积在 Si 上的 3C-SiC 上形成石墨烯,但在 Si 上生长的 3C-SiC 含有大量的延伸缺陷,这限制了后续外延石墨烯的结晶质量。有一些研究小组则使用在 4H-和 6H-SiC(0001)上外延生长的 3C-SiC(111),这可以消除热和晶格失配。

在对 SiC 衬底退火时,表面重构会导致形成台阶和台地,它们可能对掺杂均匀性(石墨烯电导)产生影响。表面重构的主要作用是台阶聚集,这在不同的 SiC 晶体类型中是不同的。考虑到基底表面的初始粗糙度,Rositza Yakimova 研究小组分析了 3C-SiC 上石墨烯的形成以及 4H-和 6H-SiC 衬底上石墨烯的形成情况。相同条件下在 4H、6H 和 3C-SiC 衬底上生长的石墨烯样品用 LEEM 表征,以评估厚度分布。在所有的

LEEM 图像(图 3 - 15)中,亮区代表 ML 石墨烯,较暗区代表双层石墨烯。可以看出,4H、6H 和 3C 晶型上的单层石墨烯覆盖区度分别为 60%、90% 和 98%。因此在 3C - SiC 上生长单层石墨烯具有比较明显的优势。

图 3 - 15   SiC 表面外延生长石墨烯的低能电子显微镜照片及生长模式

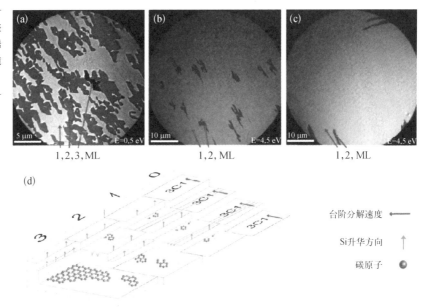

(a)～(c) 相同生长条件下在 4H - SiC (a)、6H - SiC (b)和 3C - SiC (c) 表面外延生长石墨烯的结果;(d) 3C - SiC 表面外延的模式

对于在 3C - SiC 上外延生长石墨烯,根据所提到的平台能量(第 3.2 节),所有的平台具有相同的分解能,原理上不会有能量驱动台阶束的形成。事实上,观察到的最可能的台阶高度是 0.25 nm,这些台阶的形成可能是由于其他原因造成的,比如堆垛的层错引起升华的不均匀性等。

图 3 - 15(d)给出了一种在 3C - SiC 上外延石墨烯的生长模型。这个模型中并没有考虑缓冲层的形成,SiC 上石墨烯的厚度均匀性取决于表面 Si 升华的均匀性和 C 原子的迁移能力。所有 3C - SiC 台阶的分解速率在无缺陷晶体中是相同的,因此在表面上提供了均匀的 C 源,这导致生长的石墨烯层优异的均匀性。

3.6 外延生长设备

正如上文所述,外延生长石墨烯通常需要 1 000~1 600℃的高温,目前普遍采用的加热装置主要有两种,一种是超高真空体系的加热,另一种是由 CVD 装置改装而成。早期研究外延生长过程时,因为 UHV 系统方便集成原位的表征技术而被广泛关注,随着技术的发展,科学家们发现在 Ar 氛围下可以在碳化硅表面生长出高质量的石墨烯,一些低压甚至常压 CVD 系统开始被利用起来,这些装置更加廉价,适用的基片尺寸也更大,易于规模化制备。但是应该指出,目前还没有规模化地在碳化硅基片上批次制备石墨烯薄膜的报道。

与普通低压 CVD 系统不同的是,碳化硅外延生长设备无须额外供给碳源,同时,因为生长所需温度较高,石英管的耐受温度在 1 200℃以下,所以设备多采用冷壁加热方式,比如通过高频电源产生高频的交变电磁场,从而在基座(多选用石墨加热盘)上感应出涡旋电场,进而对放置在基座上的碳化硅衬底加热。感应加热方式的另一个优点是:其对升温和降温速度快,有利于 SiC 衬底预处理的"闪退"(3.1 节介绍)以及后续硅原子的升华。

图 3-16(a)即为一种由普通的卧式 CVD 改装而来的碳化硅外延石墨烯的装置。主要由控制中枢、真空系统、气体管理系统和温度控制系统组成,研究人员用 LabView 自行编写了控制程序,从而可以方便地控制氩气、氢气的流量,腔室的气体压强以及射频加热基片的温度(Ostler,2010)。图 3-16(b)是一款立式的碳化硅外延石墨烯薄膜设备,可以看出感应线圈缠绕方向与基片放置方向平行,从而产生的磁场垂直于基片,同时,感应生热的石墨环绕在四周,这样产生的温度场比卧式更加均匀,从而可以得到更高质量的石墨烯薄膜。

图 3-16 碳化硅
外延石墨烯生长
系统

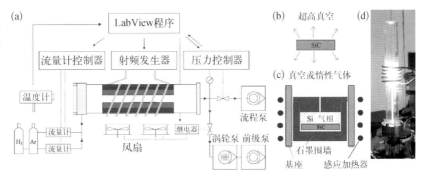

（a）平躺式，感应线圈缠绕方向与加热基座垂直；（b）~（d）站立式，感应线圈缠绕方向与基片垂直，感应加热基座围成石墨围墙，提供更加均匀的温度场[22]

参考文献

[1] Yazdi G, Iakimov T, Yakimova R. Epitaxial graphene on SiC: a review of growth and characterization[J]. Crystals, 2016, 6(5): 53.

[2] Robinson Z R, Jernigan G G, Bussmann K M, et al. Graphene growth on SiC (000-1): optimization of surface preparation and growth conditions [J]. Proceedings of SPIE, 2015, 9552: 95520Y.

[3] Nishiguchi T, Ohshio S, Nishino S. Thermal etching of 6H-SiC substrate surface [J]. Japanese Journal of Applied Physics, 2003, 42(4): 1533-1537.

[4] Van Der Berg N G, Malherbe J B, Botha A J, et al. Thermal etching of SiC[J]. Applied Surface Science, 2012, 258(15): 5561-5566.

[5] Robinson Z R, Jernigan G G, Currie M, et al. Challenges to graphene growth on SiC (0001): substrate effects, hydrogen etching and growth ambient[J]. Carbon, 2015, 81(1): 73-82.

[6] Leone S, Beyer F C, Pedersen H, et al. High growth rate of 4H-SiC epilayers on on-axis substrates with different chlorinated precursors[J]. Crystal Growth & Design, 2010, 10(12): 5334-5340.

[7] Rana T, Chandrashekhar M V S, Sudarshan T S. Vapor phase surface preparation (etching) of 4H-SiC substrates using tetrafluorosilane (SiF4) in a hydrogen ambient for SiC epitaxy[J]. Journal of Crystal Growth, 2013, 380: 61-67.

[8] Sprinkle M, Ruan M, Hu Y, et al. Scalable templated growth of graphene nanoribbons on SiC[J]. Nature Nanotechnology, 2010, 5(10): 727-31.

[9] Norimatsu W, Kusunoki M. Epitaxial graphene on SiC{0001}: advances and perspectives[J]. Physical Chemistry Chemical Physics, 2014, 16(8): 3501 – 3511.

[10] Yazdi G R, Vasiliauskas R, Iakimov T, et al. Growth of large area monolayer graphene on 3C – SiC and a comparison with other SiC polytypes[J]. Carbon, 2013, 57: 477 – 484.

[11] Lee S, Toney M F, Ko W, et al. Laser-synthesized epitaxial graphene[J]. ACS Nano, 2010, 4(12): 7524 – 7530.

[12] Yannopoulos S N, Siokou A, Nasikas N K, et al. CO_2 – laser-induced growth of epitaxial graphene on 6H – SiC (0001)[J]. Advanced Functional Materials, 2012, 22(1): 113 – 120.

[13] Moreau E, Godey S, Ferrer F J, et al. Graphene growth by molecular beam epitaxy on the carbon-face of SiC[J]. Applied Physics Letters, 2010, 97(24): 241907.

[14] Park J, Mitchel W C, Grazulis L, et al. Epitaxial graphene growth by carbon molecular beam epitaxy (CMBE)[J]. Advanced Materials, 2010, 22(37): 4140 – 4145.

[15] Starke U, Riedl C. Epitaxial graphene on SiC (0001) and [Formula: see text]: from surface reconstructions to carbon electronics[J]. Journal of Physics: Condensed Matter, 2009, 21(13): 134016.

[16] Poon S W, Chen W, Wee A T, et al. Growth dynamics and kinetics of monolayer and multilayer graphene on a 6H – SiC (0001) substrate[J]. Physical Chemistry Chemical Physics, 2010, 12(41): 13522 – 13533.

[17] Tromp R M, Hannon J B. Thermodynamics and kinetics of graphene growth on SiC (0001)[J]. Physical Review Letters, 2009, 102(10): 106104.

[18] Jernigan G G, Vanmil B L, Tedesco J L, et al. Comparison of epitaxial graphene on Si-face and C – face 4H SiC formed by ultrahigh vacuum and RF furnace production[J]. Nano Letters, 2009, 9(7): 2605 – 2609.

[19] Emtsev K V, Bostwick A, Horn K, et al. Towards wafer-size graphene layers by atmospheric pressure graphitization of silicon carbide[J]. Nature Materials, 2009, 8(3): 203 – 207.

[20] Vecchio C, Sonde S, Bongiorno C, et al. Nanoscale structural characterization of epitaxial graphene grown on off-axis 4H – SiC (0001)[J]. Nanoscale Research Letters, 2011, 6(1): 269.

[21] Bouhafs C, Darakchieva V, Persson I L, et al. Structural properties and dielectric function of graphene grown by high-temperature sublimation on 4H – SiC (000 – 1)[J]. Journal of Applied Physics, 2015, 117(8): 085701.

[22] De Heer W A, Berger C, Ruan M, et al. Large area and structured epitaxial graphene produced by confinement controlled sublimation of silicon carbide[J]. Proceedings of the National Academy of Sciences of the United States of America, 2011, 108(41): 16900 – 16905.

第 4 章

石墨烯的化学气相
沉积技术

化学气相沉积（Chemical Vapor Deposition, CVD）是利用气态或蒸气态的物质在气相或气固界面上发生反应,生成固态沉积物的过程。发展至今,化学气相沉积方法制备的石墨烯的质量已经可以媲美手撕石墨烯样品,同时具有畴区尺寸可调、层数可控、掺杂浓度可调、工艺重复性较好、可批量制备和易于转移等优点,兼具高质量与低成本的优势,也必将在石墨烯产业发展的过程中发挥重要作用。图 4-1 给出了不同石墨烯制备方法的比较。

图4-1 不同石墨烯制备方法的比较

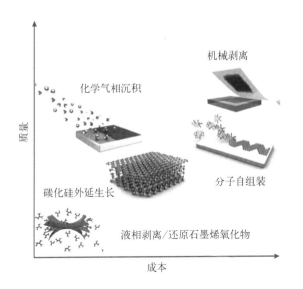

化学气相沉积过程包括了气相当中的均相反应和在生长衬底表面的异相反应,最终得到的产物形态包括薄膜、粉体和三维泡沫石墨烯等。其中,高质量石墨烯薄膜的可控制备最能体现化学气相沉积方法的优势,也是生长机理研究最深入、进展较快的领域。根据石墨烯制备过程中关注点的差异,可按照以下几种标准对化学气相沉积法分类:① 根据生长衬底可分为金属衬底和非金属衬底;② 根据生长碳源可分为气体碳源、液

体碳源和固体碳源；③ 根据反应压强可分为低压 CVD、常压 CVD 和超高真空 CVD 等；④ 根据反应腔体的加热方式可以分为热壁 CVD 和冷壁 CVD；⑤ 根据碳源裂解的能量来源可以分为热化学气相沉积、激光辅助化学气相沉积和等离子体增强化学气相沉积方法（Plasma Enhanced Chemical Vapor Deposition，PECVD）；⑥ 针对宏量制备的需求，石墨烯的生长也可以分为静态生长的批次制程（batch-to-batch）方法和动态生长的卷对卷制程（roll-to-roll）方法等。

4.1　石墨烯薄膜的化学气相沉积技术

制备石墨烯薄膜的基底可分为金属基底和非金属基底，其中金属基底的催化活性有助于提高石墨烯薄膜的结晶质量并降低生长温度，也是深入研究石墨烯生长动力学、更好地调控石墨烯生长参数的模型体系。但金属基底表面生长的石墨烯薄膜需要经过转移，而转移往往会带来杂质（金属、转移溶剂残留等）、破损、褶皱及额外的成本和能耗。而基于非金属基底制备的石墨烯薄膜则可以直接用于石墨烯的性能表征和器件构筑，也是实现石墨烯薄膜应用的重要路径；但目前非金属基底上制备的石墨烯薄膜质量尚不如金属基底上的石墨烯样品，这方面还需继续努力。本节，我们将以石墨烯薄膜的制备为例，简述化学气相沉积法制备石墨烯薄膜的设备要求、工艺流程、基元步骤以及相关领域的研究热点及最新进展。

4.1.1　基于金属基底的化学气相沉积技术

4.1.1.1　工艺流程及影响因素

CVD 制备石墨烯的工艺往往要经过升温/加热、退火、通入碳源、降温/冷却等步骤。首先要将 CVD 系统加热至生长温度（约 1000 ℃），同时通入合适的载气对生长衬底退火，以对其进行表面清洁和平整化、氧化层还原、晶面和畴区尺寸调控、活性位点钝化等,进而提高后续生长的石墨烯薄膜的质量。随后,通入碳源,该阶段温度、压强、反应气体组分、流速和碳源滞留时间等生长参数的调控对最终得到的石墨烯薄膜的质量有很大影响。最后对体系降温,终止 CVD 反应,待冷却至 200℃ 以下后停止通入气体,取出样品(图 4-2)。值得注意的是,根据基底类型的不同,石墨烯的生长可以发生在有碳源通入的高温阶段(表面自限制生长机制),也可以发生在切断碳源的降温阶段(偏析生长机制)。

图 4-2 化学气相沉积法制备石墨烯薄膜的基本设备、工艺流程及生长原理

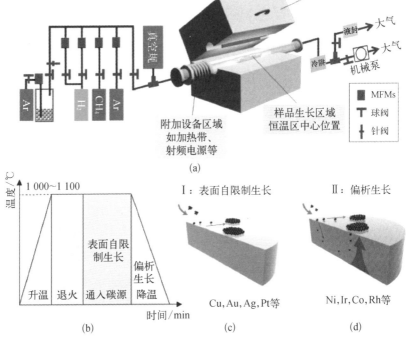

(a)用于生长石墨烯的化学气相沉积系统(包括高温反应炉体、生长衬底、气体、压强调节单元、真空泵等基本组成部分);(b)石墨烯制备的流程(包括升温、基底退火、碳源供应、降温等步骤);(c)基于表面自限制生长机制制备石墨烯的原理示意;(d)基于偏析生长机制制备石墨烯的原理示意[3]

化学气相沉积生长过程中主要的影响因素包括生长衬底、碳源、载气、压强、温度及体系加热方式和能量来源等。如图 4-3 所示,不同影响因素所能调控的石墨烯薄膜的生长行为和最终得到的样品的结构特性也

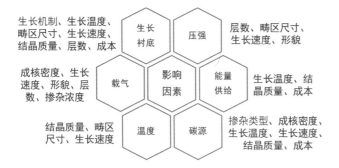

生长衬底：生长机制、生长温度、畴区尺寸、生长速度、结晶质量、层数、成本

压强：层数、畴区尺寸、生长速度、形貌

载气：成核密度、生长速度、形貌、层数、掺杂浓度

影响因素

能量供给：生长温度、结晶质量、成本

温度：结晶质量、畴区尺寸、生长速度

碳源：掺杂类型、成核密度、生长温度、生长速度、结晶质量、成本

图 4-3　化学气相沉积法制备高质量石墨烯薄膜的主要影响因素

不尽相同。

　　随着 CVD 方法的深入研究，石墨烯薄膜在多种金属基底（包括但不限于 Ru、Ir、Co、Ni、Pt、Pd、Cu 及合金）上的制备已经成为现实。由于不同过渡金属价层电子（d 电子）排布方式的差异，导致金属衬底与碳原子的相互作用不同，并具有不同的溶碳量和催化活性，进而导致石墨烯生长表现出基元步骤和生长机制的差异（图 4-4）。显然，金属基底的催化活性高低极大地影响了碳源的裂解程度，这里我们给出几种常见的用来生长石墨烯的金属基底的催化活性的顺序：Ru～Rh～Ir＞Co～Ni＞Cu＞Au～Ag（Xu，2016）。其中最有代表性的生长机制是基于铜基底的表面自限制生长机制和基于镍基底的偏析生长机制。

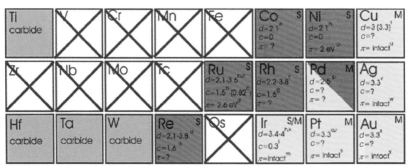

图 4-4　不同金属与石墨烯的相互作用

　　黄色代表与石墨烯相互作用较弱的金属；红色代表与石墨烯相互作用较强的金属；蓝色代表石墨烯生长过程优先形成金属的碳化物（carbide）。d 代表石墨烯和金属之间的距离；c 表示石墨烯在金属表面的起伏的大小（单位为 Å）；π 代表石墨烯和金属接触后，石墨烯 Dirac 点移动的大小

　　　　　　　　　　　　　　　　　　　　　石墨烯制备技术

4.1.1.2 表面自限制生长机制与偏析生长机制

铜同时具有较低的碳溶解度(质量分数为 0.001%～0.008%,1084℃)、较强的催化活性和较弱的铜-碳相互作用的特点,导致碳在铜衬底表面的迁移势垒较低。因此在铜表面裂解产生的活性碳物种,不会进入铜体相,而是在其表面快速迁移成核生长。目前,研究者普遍认为,石墨烯在铜表面的生长遵循表面自限制的生长机制。总的来说,石墨烯薄膜在铜箔表面的生长过程包括以下六个基元步骤(图 4-5):① 气相反应和碳源的传质过程;② 碳源前驱体吸附在铜表面并在金属表面催化脱氢形成活性碳基团(C_xH_y)的过程;③ 活性碳基团在基底表面形成较大的碳团簇的过程;④ 活性碳团簇在催化剂表面碰撞或聚集形成石墨烯核的过程;⑤ 石墨烯核长大的过程;⑥ 石墨烯畴区融合生成连续石墨烯薄膜的过程。上述步骤对石墨烯的生长质量、均一性、畴区大小、生长速度、层数有着重要影响。这些分解的生长步骤,可以通过调节温度、压强、碳源、生长环境气体组成(包含还原性气体和氧化性气体)、基底种类、基底表面粗糙度、基底晶面取向和基底的杂质含量等进行调控。

图 4-5 石墨烯薄膜在铜箔表面生长的基元步骤

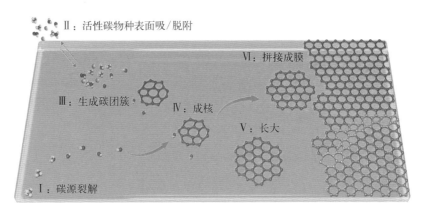

美国科学家 Rodney S. Ruoff 课题组利用同位素标记的方法详细地研究了石墨烯在铜箔上的生长机理(图 4-6)。他们使用含有碳的不同同位素的甲烷($^{12}CH_4$ 和 $^{13}CH_4$)交替通入 CVD 体系来进行石墨烯的生长,并对得到的石墨烯薄膜进行拉曼光谱的 G 峰峰位的空间面扫描分析。结合

通入$^{12}CH_4$和$^{13}CH_4$的时间顺序,他们分析了不同时间段石墨烯的生长行为,即石墨烯畴区随时间的演变。如图4-6中连续的石墨烯薄膜的拉曼光谱G峰峰位面扫描结果所示,在二维平面内,同位素^{13}C和^{12}C的空间分布从成核中心对应于通入$^{12}CH_4$和$^{13}CH_4$的时间顺序,这证明了Cu衬底表面石墨烯的生长符合外延生长机制。值得注意的是,第四次和后续多次循环通入的$^{12}CH_4$和$^{13}CH_4$没有在铜箔表面形成石墨烯,即连续的石墨烯薄膜仅含有前三次循环通入的$^{12}CH_4$和$^{13}CH_4$形成的石墨烯。这说明第三次循环通入以后,尽管仍然有碳源供给,但石墨烯已经在Cu衬底表面满覆盖,生长几乎停止,即铜衬底上的石墨烯的生长行为符合表面自限制生长机制。其主要原因是,石墨烯的生长依赖于铜箔催化裂解碳源。当石墨烯完全覆盖Cu衬底以后,Cu衬底的催化活性被抑制,石墨烯的生长停止。

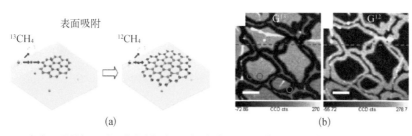

表面吸附

$^{13}CH_4$ $^{12}CH_4$

(a)   (b)

图4-6 石墨烯在铜基底表面的自限制生长

(a)石墨烯在Cu表面催化生长过程示意;(b)依次通入$^{12}C-CH_4$和$^{13}C-CH_4$生长出的连续的石墨烯薄膜转移后得到的^{12}C-石墨烯和^{13}C-石墨烯的拉曼光谱G峰峰位的空间面扫描分析

同时,气相反应和碳源的传质过程对于铜箔表面石墨烯薄膜生长的重要性也不容忽视。在石墨烯的高温CVD生长过程中,始终存在稳定的气流穿过反应炉体,在基底表面上存在一层厚度为δ的边界层或称为扩散层,这一层的状态与气流速率、压强和温度紧密相关。比如,在常压CVD体系内,相比于低压CVD系统,相同供给量的碳源在气相中的热裂解效率更高,同时由于常压体系内的传质速率非常低,气相中具有大量的碳源裂解产物,这导致铜箔被石墨烯满覆盖后,依然可能存在后续的多层生长行为,而由于副反应的存在,原有满层石墨烯的上表面也更容易沉积无定形碳的副产物。

石墨烯在 Ni 衬底上的生长遵循偏析生长机制。Ni 具有两个未配对的 3d 电子，催化碳源裂解的能力强于铜箔，同时镍的碳溶解度[0.6%（质量分数），1 326℃]也远高于铜。如图 4-7 所示，相对于石墨烯的表面自限制生长机制，CVD 偏析生长石墨烯的主要过程增加了裂解的碳原子溶解进入金属体相和在降温过程中从体相偏析到表面完成成核生长的过程。其基元步骤主要包括：① 气相反应和碳源的传质过程；② 表面吸附及碳源在金属表面催化脱氢形成活性碳基团的过程；③ 裂解形成的碳原子溶解进入金属体相；④ 降温过程中，碳在金属中溶解度降低，体相中的碳向表面偏析、成核和生长。CVD 的偏析过程得到的石墨烯往往是以动力学控制为主，受到气体流量、压强、温度、降温速率等诸多因素影响。

图 4-7　表面自限制生长与偏析生长机制的比较[1]

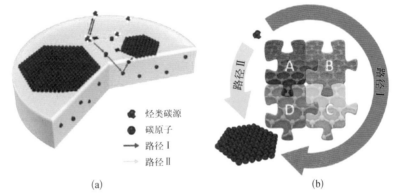

烃类碳源
碳原子
路径 I
路径 II

(a)　　　　　　　　　　　(b)

（a）路径 I（红线）为偏析生长机制，碳源在金属基底表面裂解后，碳原子会先溶解进入金属基底体相，在降温过程中，逐渐析出，用于石墨烯的生长；路径 II（蓝线）为表面自限制生长机制，由于基底铜碳量较低，碳源裂解后的活性碳物种直接在金属表面迁移扩散，完成石墨烯成核和生长的过程；（b）图是对（a）图更形象的阐述，可以看出，相较于表面自限制生长，偏析生长的基元步骤多出了 B、C 两步，即对应于碳原子向金属体相迁移和从金属体相析出的过程

早于铜箔衬底上石墨烯 CVD 的生长报道，美国麻省理工学院的 Jing Kong 课题组利用 APCVD 方法，在 SiO$_2$ 衬底上蒸镀多晶 Ni 膜，并在其上实现了少层石墨烯连续薄膜的生长。此外，他们也发现石墨烯的层数分布与 Ni 薄膜生长前的微观结构有关。单层和双层石墨烯的区域主要分布在与其尺寸相近的 Ni 的单晶晶畴内部，而在 Ni 衬底的晶界处多分布多层石墨烯。这主要是因为，在降温过程，碳原子优先在缺陷的晶界处析

出,因此导致晶界处石墨烯成核密度较高,以多层石墨烯为主。值得注意的是,降温过程的动力学(降温速率等)对最终石墨烯产物的层数和质量也会有很大影响。Ruoff 课题组利用与研究石墨烯在铜箔上生长机理类似的方法,在 Ni 膜上生长石墨烯时,按时间顺序分别通入$^{12}CH_4$ 和$^{13}CH_4$。通过对得到的石墨烯的拉曼光谱的 G 峰峰位的空间分布进行分析后发现,得到的结果与铜箔上不同类型甲烷生长的石墨烯空间间隔分布不同,Ni 上的石墨烯^{12}C 和^{13}C 在石墨烯薄膜内均匀分布(图 4 - 8)。这也证实了 Ni 上生长的石墨烯过程为偏析过程。即不同时间段通入的^{12}C 和^{13}C 在生长过程中不断溶解在金属 Ni 的体相当中,在降温过程中不同的碳原子在金属 Ni 的表面一起偏析得到石墨烯。因此没有表现出通入先后顺序导致的石墨烯空间分布差异。

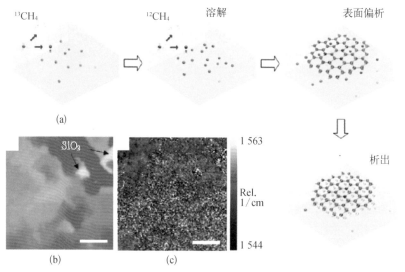

图 4 - 8　石墨烯在镍表面的偏析生长

(a) Ni 上石墨烯生长偏析过程示意;(b)依次通入$^{13}CH_4$ 和$^{12}CH_4$ 后得到的连续的石墨烯薄膜转移到 SiO_2 衬底上的 OM 照片;(c)得到石墨烯的拉曼光谱 G 峰峰位的空间面扫描分析(通过 G 峰峰位置可以推测整体石墨烯大概含有 45%的^{13}C 和 55%的^{12}C)

此外,目前已经实现了元素周期表中诸多过渡金属基底上石墨烯的生长,例如:IB - IIB 族过渡金属 Au,VIII 族过渡金属 Rh、Ni、Fe、Ir,IVB - VIB 族过渡金属 Cr、Mo、W、Ti、V 以及互补性二元合金 Cu - Ni 合金、Ni–Mo 合金、Au–Ni 合金、Pd–Co 合金等。需要指出的是，一些金属，如 Mo，W，Ti 等可以和 C 优先形成碳化物，碳化物的催化活性高于金属自身，因此可以继续有效促进碳源裂解和石墨烯的生长（图 4–9）。同时，金属作为石墨烯的生长衬底，其与石墨烯的晶格匹配度、金属自身粗糙度、熔融状态等都会对石墨烯的生长结果产生影响。所有这些都会导致石墨烯层数、质量（缺陷密度）、畴区大小和生长速度的差异性。

图 4–9　ⅣB–ⅥB 族过渡金属上石墨烯的生长示意（碳化物形成于石墨烯之前，且稳定存于整个生长过程）

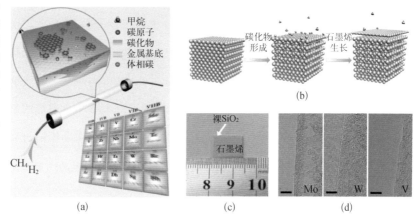

（a）满足先形成具有催化活性的碳化物再进行石墨烯生长的 ⅣB–ⅥB 族过渡金属列表；（b）生长机理；（c）转移到二氧化硅/硅基上的大面积均匀的单层石墨烯；（d）对基于金属 Mo、W、V 基底制备的单层石墨烯的边缘进行透射电镜扫描的典型结果

4.1.1.3　石墨烯薄膜的可控制备技术

依照结构划分，目前化学气相沉积法制备高质量石墨烯的关注点主要包括畴区尺寸、掺杂、层数、平整度和洁净度（图 4–10）等，下文将围绕图 4–10 概述相关领域的研究现状和追求目标，并给出制备不同结构特性的高质量石墨烯的主要技术路线。

图 4–10　化学气相沉积法制备高质量石墨烯面临的主要挑战

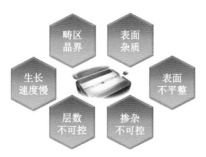

1. 大单晶石墨烯

降低石墨烯晶界缺陷有两种思路：① 单一成核生长大单晶石墨烯；② 同一取向晶核无缝拼接得到

大单晶石墨烯。其中成核密度的控制可以通过基底表面预处理,如抛光、退火、钝化等方法减少活性成核位点,也可以通过调控碳源供给量和供给位置,改变载气种类、分压和体系压强等参数来实现。继 2009 年 Ruoff 课题组首次实现铜箔表面高质量石墨烯薄膜的制备(最初畴区尺寸仅为微米级)之后,在过去的十年内,毫米级、厘米级甚至米级尺寸的石墨烯单晶陆续被成功制备出来,石墨烯的制备技术有了突破性的进展。

如图 4-11 所示,单一晶种法制备大单晶石墨烯的研究工作有很多,研究工作开展得也比较系统。2013 年,Ruoff 课题组在 Science 发文报道了在氧气辅助下制备的厘米级石墨烯单晶,这是氧辅助方法制备石墨烯大单晶的首次报道。北京大学刘忠范和彭海琳课题组,利用三聚氰胺钝化铜箔表面活性成核位点,也实现了厘米尺寸高质量大单晶石墨烯的制备,其迁移率高达25 000 cm^2 · V^{-1} · s^{-1}。2016 年,谢晓明课题组通过局域给气,控制碳源供给位置,结合铜镍合金的等温偏析生长机制,制备出了 1 英寸[1]大小的石墨烯单晶。2018 年,结合卷对卷制备工艺和进化生长装置(图 4-12),S. N. Smirnov 课题组实现了由单一成核晶种生长得到的尺寸达20 多厘米的单晶石墨烯的制备。

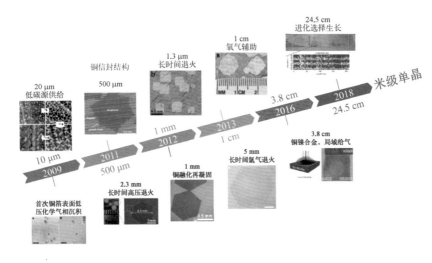

图 4-11 单一晶种法制备大单晶石墨烯的主要思路与研究进展

---

① 1 英寸(in)=2.54 厘米(cm)。

石墨烯制备技术

图4-12 基于进
化生长的机理在多
晶铜箔基底表面制
备米级尺寸大单晶
石墨烯

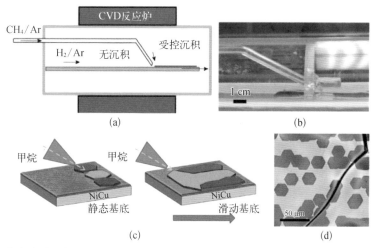

（a）实验设计示意；（b）装置实物；（c）选择性进化生长的原理；（d）大尺寸石墨烯单
晶性的确认

　　进化生长选择性的原理是在静态基底表面，即使局域供给碳源，石墨
烯的成核取向仍然较为随机，且不能避免二次成核；而对于动态移动的铜
箔基底，随着铜箔的移动，生长较快的石墨烯单晶会逐渐吞并其他单晶，
最后由单一成核位点逐渐长大，生成大单晶石墨烯。而对多晶铜箔基底
表面生长的大单晶使用氢气刻蚀，刻蚀完成后，发现刻蚀得到的石墨烯六
元环全部取向一致，不受生长基底本身晶面的调控，这进一步证明了石墨
烯大面积的单晶取向性。

　　上述成核位点的控制，大多需要结合碳源供给的调控。过高的碳源
供给下，石墨烯的成核密度不能被有效控制，而且容易在生长过程中产生
二次成核。但以减少碳源供给量为代价制备的大单晶石墨烯其生长速度
也往往受限。在保证较低的石墨烯成核密度的前提下，提高其生长速度
也是石墨烯CVD制备领域的研究热点之一。早在2013年，Ruoff课题
组率先在Science上发义报道了氧气能够改变石墨烯生长动力学，降低碳
原子迁移到石墨烯边缘后用于石墨烯成核长大所需跨过的能垒。2016
年，刘开辉、彭海琳和丁峰课题组的进一步研究表明含氧衬底或易于吸附
氧气的基底如二氧化硅、蓝宝石等能释放氧气，进而降低碳源裂解势垒，

有效提高石墨烯生长速度,实现 $3600\ \mu m/min$ 的石墨烯生长速度[图 4-13(a)~(c)]。该工艺的不足在于,成核初期碳源供给量过大,石墨烯成核密度较高,因此大单晶的最大尺寸仅为亚毫米。北京大学彭海琳和刘忠范课题组发展了多种快速制备石墨烯大单晶的方法。他们通过分阶段调节碳源供给,在成核初期使用低的碳源供给降低石墨烯成核密度,生长一段时间后增大碳源供给,有效提高了石墨烯的平均生长速率($101\ \mu m \cdot min^{-1}$)。通过多次精细调节碳源供给,石墨烯最快生长速度可达到 $360\ \mu m \cdot min^{-1}$。同时,采用铜箔堆垛结构,利用两片铜箔之间的狭缝在铜箔表面形成分子流,大大加快了石墨烯成核速度($300\ \mu m \cdot min^{-1}$)。在此基础上,他们换用裂解势垒更低的乙烷碳源,将生长速度进一步提高到了 $450\ \mu m \cdot min^{-1}$。谢晓明课题组在铜镍合金基底表面通过控制碳源局域供给选定的成核位点,在

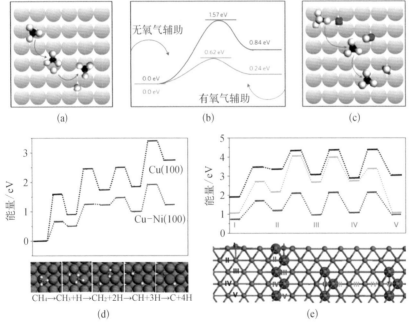

图 4-13　通过降低反应势垒提高石墨烯的生长速度

(a) 无氧气参与的甲烷裂解过程;(b) 有氧和无氧参与下甲烷脱氢的反应势垒;(c) 氧气参与下甲烷的裂解过程;(d) 铜和铜镍(100)晶面催化碳源裂解的能垒比较;(e) 碳原子沿不同路径迁移的势垒比较(其中黑色为从铜表面扩散到铜体相的扩散,红色为在铜体相上的扩散,绿色为在富含镍的铜体相上的扩散;Ⅰ,Ⅱ,Ⅲ,Ⅳ,Ⅴ对应于扩散过程中稳定的过渡态;大的蓝色、红色和灰色球分别对应于 Ni,Cu 和 C 原子)

2.5 h内制备出了1.5英寸的石墨烯单晶,这是较大的碳源供给量和铜镍合金更高的催化活性两方面因素共同作用的结果。随后,同样在铜镍合金基底表面,S. N. Smirnov课题组在卷对卷的CVD系统内,通过尖嘴装置局域供给甲烷,气流的供给方向和位点能被有效调控,使得石墨烯最快生长的畴区方向占据主导作用,并逐渐"吞没"生长更慢的畴区,实现了1.5 cm·h^{-1}的生长速度[图4-13(d)~(e)]。

石墨烯核取向一致性的实现多依赖于单晶基底,目前研究发现最有优势的基底是Cu(111)。Cu(111)基底可分为两大类:一种是面向透明导电薄膜等应用的金属箔材,一种是依托于满足晶格匹配要求的蓝宝石、尖晶石、氧化镁等单晶基底制备的铜单晶薄膜(Iwasaki,2011),其中后者更关注面向电子学的相关应用(图4-14)。对于前者,基底单晶化的机理是晶粒的异常长大,通过在接近金属基底熔点的温度对其进行长时间退火,甚至在这个过程中通过引入额外的应力或借鉴提拉硅单晶的方法等最终得到密排堆积的Cu(111)面(Jo,2018)。需要指出的是,基底退火过程中,要避免氧化性气氛的引入,微量的氧气容易诱导铜箔表面实现Cu(100)单晶化。而Cu(100)为四重对称,其表面生长六重对称的石墨烯往往存在90°转角的问题,这对于减少晶界密度是不利的(Nguyen,2015)。2013年,Jinwoong Park组采用对铜箔长时间退火的方法制备出了以Cu(111)晶面为主的大面积准单晶铜箔(16 cm长),并实现了>90%的石墨烯核取向一致的生长和拼接成膜。2015年,Young Hee Lee课题组通过对铜箔的多次反复退火得到了厘米尺寸的Cu(111)单晶,并证明了石墨烯在其表面的无缝拼接生长行为,但仍存在约5%的石墨烯畴区取向不一致的问题。2017年,北京大学刘开辉课题组和合作者基于价格低廉的工业铜箔,实现了米级尺寸单晶Cu(111)箔材的制备,并在其表面生长出了晶核取向一致性>99%的石墨烯准单晶薄膜。[8]同年,北京大学刘忠范、彭海琳课题组在4英寸商用蓝宝石基底上制备单晶Cu(111)薄膜,并基于此实现了无褶皱石墨烯单晶晶圆的制备(图4-14),为高质量石墨烯真正走向实用化奠定了更坚实的基础。此外,韩国Whang研究小组在氢终止的 Ge(100)表面实现了无褶皱石墨烯的无缝拼接生长,制备出了 2 英寸的石墨烯单晶晶圆(Lee,2014)。Ni、Au、Mo 及 CuNi 合金等基底表面石墨烯多畴区取向一致无缝拼接的现象也都有相关报道,证明了多晶种取向一致拼接生长法制备单晶石墨烯薄膜的普适性。

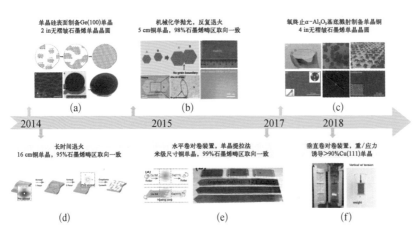

图 4-14 多晶种取向一致无缝拼接法制备单晶石墨烯的代表性工作

(a)基于 Ge(100)单晶取向一致的石墨烯核无缝拼接制备 2 英寸的单晶石墨烯,并实现了无褶皱单晶石墨烯的制备;(b)长时间退火制备 Cu(111)单晶,生长大面积取向一致的石墨烯畴;(c)对机械化学抛光的铜箔进行长时间反复退火制备 Cu(111)单晶,用于取向一致石墨烯的生长和无缝拼接制备大面积准单晶薄膜;(d)利用水平卷对卷装置,通过单晶提拉法处理工业铜箔,制备亚米尺寸的单晶 Cu(111),并基于此生长取向一致的石墨烯大单晶;(e)在氧终止的蓝宝石基底表面溅射 Cu 薄膜,退火得到 Cu(111)单晶薄膜,并实现了无褶皱单晶石墨烯的制备;(f)利用垂直卷对卷装置,在应力诱导下实现大面积铜箔的单晶化,具有工业放量制备的潜力

需要着重说明的是,Cu(111)晶面除了可作为多晶种取向一致成核的理想生长基底外,也是石墨烯与铜箔基底作用力最强、同时承受的应力分布最均匀的晶面。降温过程中,由于石墨烯与铜的热膨胀系数差别较大,铜的晶格收缩而石墨烯的晶格膨胀,石墨烯会受到额外的应力。一旦应变足够大到可以克服褶皱的形成势垒,石墨烯便会在铜箔表面发生弯曲折叠形成褶皱,释放面内应力,减弱石墨烯与铜基底的界面作用力和界面能。[29] 相对而言,铜的高指数晶面和(100)、(110)等非密排面的低指数面与石墨烯的相互作用力较弱,其表面极易形成褶皱。褶皱往往沿垂直方向形成,且与铜基底自身的台阶方向成 90°夹角。而 Cu(111)面与石墨烯

晶格失配小(3%~4%),铜表面与石墨烯的作用力较强,可以有效降低褶皱的形成密度,甚至在 Cu(111)薄膜表面已经实现了 4 英寸无褶皱石墨烯单晶晶圆的制备(图 4 - 15)。无独有偶,无褶皱石墨烯单晶晶圆也可以在氢终止的 Ge(001)单晶薄膜表面制备。后者成功实现的主要原因在于 Ge 与石墨烯的晶格失配度较小。此外,石墨烯与 Cu(111)表面较强的作用力,也有效避免了水、氧等的插层反应,实现了石墨烯保护金属基底抗氧化的功能。对比来看,放置两年的石墨烯/Cu(111)样品表面仍然光洁如新,而 Cu(100)样品放置一两周石墨烯表面就被氧化,甚至因为原电池反应的进行,石墨烯覆盖区域的氧化严重于未覆盖区域。

图 4 - 15　Cu(111)基底表面制备的无褶皱大单晶石墨烯

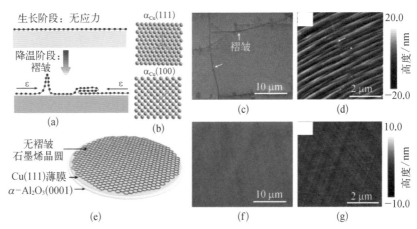

(a)褶皱形成过程的示意(生长阶段,石墨烯不受额外应力,无褶皱产生;降温阶段,由于石墨烯与铜的热膨胀系数不同,晶格常数有差别,会形成褶皱);(b)Cu(111)和 Cu(100)表面的 Cu 原子排布情况;(c)有褶皱石墨烯的典型扫描电镜表征结果;(d)有褶皱石墨烯的典型原子力显微镜表征结果;(e)基于 Cu(111)/α - Al₂O₃(0001)基底制备无褶皱单晶石墨烯晶圆的示意;(f)无褶皱石墨烯的典型扫描电镜表征结果;(g)无褶皱石墨烯的典型原子力显微镜表征结果

2. 掺杂石墨烯

尽管石墨烯具有极高的载流子迁移率,但受限于极低的载流子浓度,本征石墨烯的导电率很低,难以与其他透明导电材料如 ITO、碳纳米管阵列等相媲美。近年来,通过化学气相沉积法制备高导电性、高透光性、高均匀度、高稳定性的掺杂石墨烯也是石墨烯研究的热点领域之一。通过

掺杂可以使石墨烯的费米能级相对狄拉克点发生偏移,提高载流子浓度,进而提高石墨烯的电导率。其中费米能级位于狄拉克点之上为 n 型掺杂,费米能级位于狄拉克点之下则为 p 型掺杂(图 4 - 16)。掺杂分为单一元素掺杂和多元素共掺杂。单一元素掺杂包括 N、B、Si、P、S、O、F、Cl、Br、I 等元素,其中以 B 和 N 元素的掺杂研究最多。以氮掺杂石墨烯为例,在 CVD 制备过程中,可以引入额外的氮源(如氨气、联氨、二氧化氮等气体)或选用碳氮源(如乙腈、吡啶、吡咯、丙烯腈等液体和固态的一些三嗪衍生物),通过调节反应温度、氮源类型及引入时间和含量等,调控氮元素的掺杂类型和掺杂浓度。中国科学院化学研究所的刘云圻课题组首次使用化学气相沉积法制备出了氮掺杂石墨烯。他们分别以甲烷和氨气作为碳源和氮源,在 25 nm 厚的铜薄膜表面,制备出了少层氮掺杂石墨烯。氮元素的掺杂结构包括石墨氮、吡啶氮和吡咯氮,其中以石墨氮掺杂的结构最稳定,是对石墨烯本身晶格破坏最小的掺杂方式,因而相对来说,该掺杂结构对载流子的散射也尽可能小,能保持较高的迁移率。在此基础上,北京大学彭海琳和刘忠范课题组选用乙腈作为前驱体,采用高温氧气钝化的方式,实现了更高质量的团簇状石墨氮掺杂的毫米尺寸大单晶石墨烯的制备,在保证迁移率前提下有效提高了载流子浓度。多元素共掺杂主要包括 BN 共

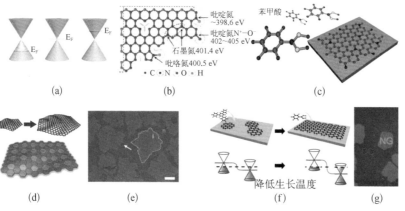

图 4 - 16 不同类型的掺杂石墨烯

(a) P 掺杂、本征和 N 掺杂石墨烯的能带结构示意;(b) 三种不同类型的氮掺杂结构;(c) 以苯硼酸作为唯一的硼碳源制备硼掺杂石墨烯;(d) 制备选区掺杂之本征石墨烯-氮掺杂石墨烯 pn 结的示意;(e) 典型扫描电镜表征结果;(f) 制备选区掺杂之 pn 结的示意;(g) pn 结的选区掺杂典型扫描电镜表征结果

石墨烯制备技术

掺杂和选区掺杂。BN 共掺杂的实现,除了利用随载气到达生长基底表面的气态、液态和前驱体外,还可以利用偏析的机理,直接在生长基底表面预先旋涂一层很薄的 BN 源,通过控制升降温速度,实现了对元素析出量的调控。此方法同样可以用来制备单一元素掺杂的石墨烯样品。此外,彭海琳和刘忠范课题组通过顺序通入不同前驱体,成功实现了石墨烯 in 结和 pn 结的制备,并测量出了结区依赖的光电性质(图 4 - 16)。

3. 双层石墨烯

双层石墨烯具有一些不同于单层石墨烯的新奇的电学和光学性质,也是石墨烯 CVD 制备的研究热点之一。按照第二层与第一层石墨烯的堆垛方式的不同,双层石墨烯可分为有序堆垛和无序堆垛两种,其中前者以 AB 堆垛的方式稳定存在,即上层石墨烯的碳原子位于底层石墨烯碳原子形成的六元环的中心;后者又称为转角双层石墨烯(Twisted Bilayer Graphene,TBLG),随两层相对旋转角度的变化,石墨烯范霍夫奇点的位置变化具有明显的角度依赖性,进而表现出特定波长更高的光吸收。

目前,根据生长基底和生长机制的不同,双层石墨烯的生长方法主要可分为两大类(图 4 - 17)。一类是基于表面自限制机理在铜表面生长双层石墨烯,主要策略包括:增大氢气含量,减弱石墨烯生长前沿与铜的作用力,促使碳原子迁移到石墨烯底部成核生长(Zhou,2013);在长满单层石墨烯的铜箔上游放置一片新鲜铜箔,促进碳源裂解,实现石墨烯的二次生长(Yan,2011);设计氧气钝化的铜信封结构,通过其内表面裂解产生的活性碳原子扩散进入铜体相,进而在铜信封外表面析出,并在铜信封外表面和第一层石墨烯之间迁移并用于第二层石墨烯的生长。目前双层石墨烯单晶的最大尺寸为 500 μm,双层覆盖度最高可到 99%。但铜箔表面双层石墨烯的生长速度较慢,效率偏低。

另一类方法是基于石墨烯的偏析机制,在 Ni 等金属基底制备双层石墨烯薄膜。通过控制 CVD 过程的碳源供给和 Ni 衬底冷却速度,或采用有限含量的固体碳源替代气体碳源也能实现对石墨烯层数更好的控制,

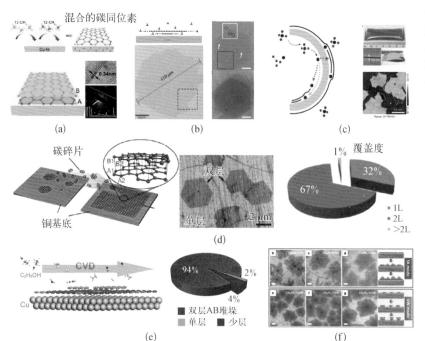

图 4-17 双层石墨烯的主要生长方法

（a）～（c）第二层石墨烯在第一层石墨烯与基底之间生长，主要方法包括利用 CuNi 合金实现可控的 C 元素偏析，对石墨烯生长层数进行更精细的调控（a）；生长阶段通入大流量的氢气，打断石墨烯畴区边缘与金属基底的成键，边缘改为碳终止，活性碳碎片进入第一层石墨烯和铜箔中间的狭缝中用于第二层石墨烯的生长，目前该方法制备的双层石墨烯的最大畴区尺寸约 500 μm（b）；碳源充分脱氢裂解生成的碳原子沿铜的体相扩散，从未长满石墨烯的铜箔一侧扩散至石墨烯覆盖度较高的另一侧，在已有的石墨烯底部成核生长出第二层石墨烯（c）；（d）～（f）第二层石墨烯在第一层石墨烯的上表面生长，主要方法包括在生长上游放置新鲜催化剂，用于催化碳源持续不断的裂解（d）；选用裂解势垒较低、裂解速度较快的碳源（e）；增大生长阶段的碳氢比，加大碳源供给（f）

解决了石墨烯薄膜层数均匀性较差，尤其是基底晶界处极易偏析生成厚层石墨烯的问题。此外，选用 CuNi 合金，通过调控 Ni 含量，也能实现对石墨烯单层、双层乃至多层的层数控制。

4. 超洁净石墨烯

石墨烯的洁净度对石墨烯的物理化学性质和后续应用影响很大。北京大学刘忠范和彭海琳课题组首次发现并证实了化学气相沉积法制备石墨烯的过程中产生的无定形碳副产物是石墨烯表面污染物的重要来源，进而也对石墨烯本征污染物的结构、起源、影响和消除方法做了系统研究。

首先,石墨烯表面本征污染物的产生主要是由于边界层中的气相反应会产生过量的活性碳物种,而气相中铜蒸气的含量有限,因此催化碳源重复裂解的能力不足,增加了结晶性较差的大的碳氢团簇化合物的出现概率,进而导致了无定形碳副产物的生成。

在石墨烯/铜箔表面生成的污染物成分以无定形碳为主,厚度基本在3 nm以内,富含碳的五七元环和畸变的六元环。此外,转移后的石墨烯样品也观测到了 Si,Cu,O 等杂质元素的存在。通过构筑泡沫铜/铜箔的垂直堆垛结构,借助泡沫铜提供额外的铜蒸气,该课题组成功制备出了洁净度高达99%,并具有微米尺寸连续的洁净面积的高质量石墨烯薄膜。而常规化学气相沉积法制备的石墨烯样品其连续洁净区域的尺寸仅为几十纳米,洁净度小于50%(图4-18)。同样基于助催化的原理,该课题组还选用了含铜碳源醋酸铜替代常规的甲烷碳源,也实现了石墨烯洁净度的提升。

图4-18 超洁净石墨烯的制备及优异性质

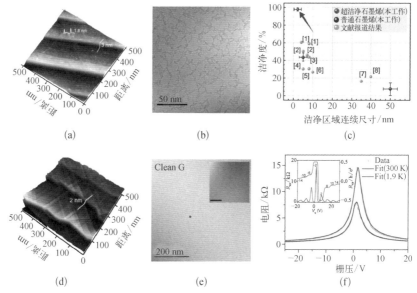

(a) (b) (c)

(d) (e) (f)

(a)普通化学气相沉积方法制备的洁净度较差的石墨烯样品的原子力显微镜表征结果;(b)普通非洁净石墨烯样品的典型透射电子显微镜表征结果;(c)不同方法制备的石墨烯样品的洁净度和连续非洁净面积的比较,其中红点为使用泡沫铜/铜箔垂直堆垛结构制备的超洁净石墨烯样品;(d)助催化法制备的超洁净石墨烯薄膜的原子力显微镜表征结果,表面无明显的颗粒、杂质和污染物;(e)超洁净石墨烯的典型低倍透射电子显微镜图片(插图: 石墨烯的高分辨原子像);(f)超洁净石墨烯的输运性质测量

除了在初始反应阶段抑制无定形碳的生成外,基于无定形碳和石墨烯反应活性的差异,也能对其表面污染物进行选择性刻蚀除去。通过选择合适的温度阈值范围,他们使用二氧化碳气体直接对石墨烯表面的无定形碳进行了选择性刻蚀,处理温度约 500℃ 即可。基于可控制备的不同洁净度的石墨烯薄膜样品,他们的研究也发现,随着石墨烯洁净度的提升,其载流子迁移率、透光性、亲水性、热导率、机械强度等性质均有所改善,这进一步证明了对于单原子层的石墨烯材料,其表面保持高洁净度的重要性。

4.1.2 基于非金属基底的化学气相沉积技术

4.1.2.1 非金属基底表面石墨烯薄膜的生长机理

如前文所示,在化学气相沉积过程中,使用非金属基底制备高质量石墨烯薄膜,可以避免转移工艺对石墨烯的影响、保持化学气相沉积法制备的石墨烯薄膜的高质量,因而有着很大的优势,也是相关领域孜孜不倦的追求目标之一。研究较多的非金属基底包括 TiC、MoC、SiC 等金属碳化物,SiO_x、Al_2O_3、MgO、Ga_2O_3、ZrO_2 等金属氧化物以及 SiGe、六方氮化硼(h-BN)、钛酸锶($SrTiO_3$)、玻璃等绝缘基底。[36~38] 相对于高催化活性的金属基底,非金属参与石墨烯 CVD 生长的过程更为复杂,基底的稳定性也存在一定的争议。有些非金属物质仍具有较好的催化活性,如 TiC、MoC,但有些基底基本没有催化活性,如 h-BN 等。

与金属基底表面的石墨烯生长相比,非金属表面的石墨烯生长机理有明显不同。绝缘基底表面多是非晶状态,表面结构和形貌更为复杂,理论研究尚没有给出很明确的生长机理。所以目前关于非金属在石墨烯生长中的作用和稳定性仍存在很大盲区,也不可避免存在着很大的争议性。尽管有表面反应、范德瓦耳斯外延生长、硅表面碳化等机制被提出,但还不能推广到其他基底上,因而并非普适性规律。换言之,不同类型的非金属基底表面石墨烯薄膜的生长机制可类比性较低。比如,对于 SiO_2 而言,石墨烯生长阶段硅是否仍保持氧化态,氧化态的价态如何,是否会在还原后进一步生成碳化硅目前仍没有定论。类似地，蓝宝石基底在石墨烯高温生长过程中可能也存在经过中间碳氧化物还原为碳化物的过程，但通过常规手段很难检测。此外，在某些催化反应中，金属氧化物还会出现先被还原为金属单质再被氧化的过程（Kim，2011）。

一般来说，对于石墨烯薄膜的生长，碳源裂解之后，活性碳物种会在基底表面吸附，促使石墨烯在非金属表面开始成核、生长并最终拼接成膜。由于碳原子在绝缘基底表面的迁移势垒可高达 $1\,eV$，导致吸附在绝缘基底表面的碳原子无法自由地在其表面运动。石墨烯薄膜的缺陷也很难通过金属原子的辅助完成自修复。因此，非金属基底表面的石墨烯往往成核密度更高，畴区尺寸更小，结晶质量也不如金属基底表面生长的石墨烯薄膜材料。

由于非金属基底通常催化碳源裂解的活性较弱或不具备催化活性，碳源裂解的方式以高温热裂解的方式为主，而不同于金属基底上的催化裂解方式。已知碳源的热裂解效率与碳源种类和反应温度密切相关。对于碳源的选择，甲烷作为金属表面生长石墨烯的最常用的碳源可以用来研究基本的生长机制，但甲烷的碳氢键很强，导致热裂解效率很低。一般可以通过增大甲烷浓度、体系压强和热裂解时间来缓解这一问题，但很难有效解决。选用乙炔、乙醇、丙烷、环己烷等化学活性更强、热裂解势垒更低的碳源也有利于绝缘基底表面高质量石墨烯的快速生长。此外，升高温度也是提高石墨烯结晶质量和生长速度的策略之一。显而易见，温度越高，碳源吸收的热能越大，原子间的化学键更容易断裂，裂解程度和效率也会相应升高。反之，温度较低时，热裂解会停止，石墨烯无法生长。一般而言，相同温度下，绝缘基底表面制备的石墨烯质量不如金属基底。因此，非金属基底上石墨烯的生长往往需要更高的生长温度。

4.1.2.2　非金属基底表面生长石墨烯的方法

1. 高温裂解生长法

如图 4-19 所示，通过调控基底类型和体系压强及碳源种类等，可以实现石墨烯在绝缘基底上的生长,但此时碳源以热裂解为主,碳原子的拼接也缺少金属催化。仅仅通过热裂解,石墨烯的质量难以保证,层数可控性也变差,同时还伴随着明显的拉曼缺陷峰,这意味着制备石墨烯薄膜的过程中会有大量缺陷和无定形结构的相伴而生。德国德累斯顿工业大学的 Mark. H. Rummeli 等使用环己烷作为碳源,在氧化镁基底上实现了 325℃ 条件下少层石墨烯的生长,透射电镜下可以清晰看到 0.335 nm 的石墨烯层间距信息,但拉曼表征以 D 峰和 G 峰为主,2D 峰很弱,说明结晶质量不理想;即使温度提高到 875℃,石墨烯的 2D 峰依然非常弱。中国科学院化学研究所的刘云圻课题组通过对基底表面在空气中 800℃ 高温预处理,提供富氧的成核位点,并将石墨烯生长温度提高到 1 100℃,一定程度上提高了绝缘基底上石墨烯生长的质量,但其生长结果仍然无法与相同温度下过渡金属表面生长的石墨烯的质量相媲美。北京大学刘忠范课题组使用常压化学气相沉积方法,以甲烷、乙烯、

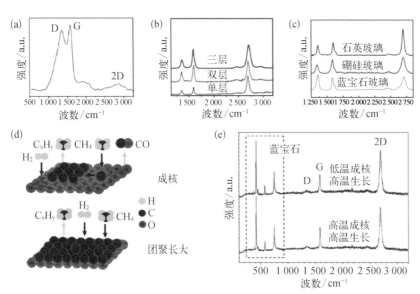

图 4-19 绝缘基底表面不同温度制备石墨烯的典型拉曼表征结果

(a)以环己烷为碳源,在氧化镁基底上生长的石墨烯薄膜的拉曼谱图表征结果(生长温度 325℃);(b)二氧化硅/硅基底上氧辅助制备的石墨烯薄膜的典型拉曼谱图表征结果(生长温度 1100℃);(c)常压化学气相沉积法在不同类型的玻璃基底表面生长的石墨烯薄膜的典型拉曼谱图表征结果(生长温度 1000~1120℃,石墨烯以单层为主);(d)蓝宝石基底上高温外延生长石墨烯薄膜的示意;(e)生长温度为 1500~1650℃的绝缘基底上制备的石墨烯薄膜的典型拉曼表征结果

　　　　　　　　　　　　　　　　　　　　石墨烯制备技术

乙醇等作为碳源,在多种绝缘基底上实现了较高质量的单层和少层石墨烯薄膜的制备,生长温度主要集中在 1 000～1 120℃,样品的拉曼谱图中出现了尖锐的 G 峰和 2D 峰,D 峰强度有所下降但依然存在。德国德累斯顿工业大学的 Jeonghyun Hwang 课题组通过将生长温度继续升高到 1 450～1 650℃,实现了蓝宝石基底上高质量石墨烯薄膜的生长,此时石墨烯的缺陷峰基本消失(Song,2012)。以上实验结果表明,对于碳源以热裂解为主的反应体系,温度是有效调控的变量,温度越高,碳源裂解和石墨烯重构越充分,制备的石墨烯质量越高。这一结论同样在 CVD 制备碳纳米管提高其结晶质量及减少表面积碳的实验中得到了验证。

2. 等离子体增强法

除常规热裂解外,碳源还可通过其他辅助手段进行裂解。等离子体增强化学气相沉积(Plasma Enhanced CVD,PECVD)是纳米材料制备中较为常用的一种手段。等离子体是气体分子在高能电磁场的作用下发生电离所形成的电子和正离子的离子态气体,它具有很高的能量,化学活性很强,容易参与反应形成目标产物。等离子体增强技术的优点是增强反应速度和增加反应物化学活性。因此,利用 PECVD 技术的优势是可以用来克服非金属催化过程中碳源裂解温度高、裂解效率低等问题,在更低的生长温度下实现石墨烯的高效生长。

3. 金属辅助催化法

对于绝缘基底表面石墨烯的生长,若引入金属辅助催化,可制备出质量更高的石墨烯样品。早期,有课题组在非金属生长基底蒸镀铜薄膜,铜膜表面生长质量较高的石墨烯后,铜牺牲层由于退浸润会不断挥发,而石墨烯薄膜则会留在非金属基底表面。此外,利用碳原子在金属体相中扩散,也可以在金属薄膜(Cu、Ni 等)和绝缘基底的界面处生成石墨烯薄膜。在 1 000℃的生长温度,铜蒸气的饱和蒸气压为 3×10^{-7} bar。因此,也可使用金属远程催化。如图 4 - 20(a)(b)所示,通过在绝缘基底上游放置铜箔,提供气相的铜蒸气催化甲烷碳源更充分地裂解,可以发现,石墨烯质量随生长基底-铜箔间距大小发生了变化,这进一步说明铜蒸气起到了远程催化的作用。距离铜箔太近时,由于碳源催化量较少且裂解不充分,石墨烯生成较困难,但距离太远时,碳源裂解过量会增加最终石墨烯产物的厚度,降低其质量。通过进一步控制铜箔相对基底的位置,如在生长基底上方放置铜箔甚至可以制备出无缺陷的单层石墨烯样品[图4-20(c)~(h)]。

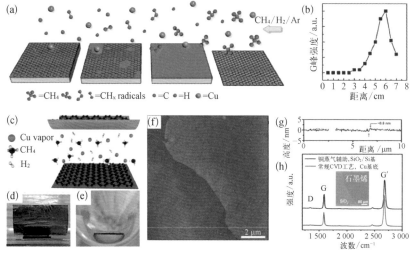

图4-20 金属远程催化辅助在绝缘基底表面制备高质量石墨烯薄膜

(a)金属远程催化制备石墨烯的示意及基底-铜蒸气源的距离依赖关系;[46] (b)石墨烯的拉曼特征峰G峰的强度随生长基底与铜箔距离的变化;(c)~(e)铜箔提供额外的铜蒸气用于辅助绝缘衬底表面高品质石墨烯薄膜生长的示意图(c)和实物图(d)(e);(f)~(h)石墨烯薄膜的AFM(f)(g)和拉曼表征结果(h)[47]

除二氧化硅/硅基底外,石墨烯在六方氮化硼和玻璃表面的生长也得到了广泛的关注。其中,六方氮化硼作为表面原子级平整的宽带隙材料,同时也具有高机械强度、高热导率、高透光性和化学稳定性等优异性能,是石墨烯电子学器件的完美基底。在六方氮化硼表面生长石墨烯时,由于基底缺少催化活性,仍需引入额外的催化剂(Cu、Ni、硅烷、锗烷等)或能量供给(等离子体增强CVD)来促进碳源裂解。比如,2017年,北京大学刘忠范课题组使用二茂镍作为生长碳源,降低了反应势垒,实现了六方氮化硼表面石墨烯的快速生长(图4-21)。

　　　　　　　　　　　　　　石墨烯制备技术

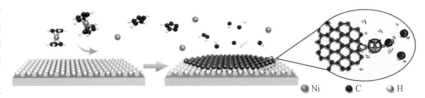

图 4-21 二茂镍碳碳源催化石墨烯在氮化硼表面的快速生长[52]

4.1.2.3 超级石墨烯玻璃的制备方法

石墨烯玻璃作为一种复合材料,能够同时发挥玻璃和石墨烯材料的优势,保持高透光性和化学稳定性。同时,石墨烯的加入可以提高玻璃的导电性和导热性等,进一步开拓玻璃产业的应用空间。通过化学气相沉积法,可以在各种玻璃基底表面实现石墨烯的生长,包括耐高温的石英玻璃、蓝宝石玻璃、耐热硼硅玻璃和软化温度较低的普通玻璃(如钠钙浮法玻璃)。北京大学刘忠范课题组在该领域取得了一系列突破性成果。除利用甲烷作为碳源在常压体系下制备大面积单层和少层石墨烯外,他们还借助乙醇碳源在低压下实现了 60 cm 长的玻璃基底表面均匀石墨烯薄膜的快速制备(图 4-22),这意味着在非金属功能基底表面制备高质量石墨烯仍有较大的挖掘潜力。

图 4-22 玻璃基底表面借助乙醇碳源实现大尺寸均匀单层石墨烯薄膜的低压快速制备[54]

(a)示意;(b)将单层石墨烯转移到二氧化硅/硅基底上的光学图像;(c)典型的高分辨透射电镜表征结果,能看到完美的六元环晶格;(d)60 cm 尺寸的玻璃基底表面生长的高透光性的均匀的单层石墨烯薄膜

4.2　石墨烯粉体的化学气相沉积技术

在不同形态的石墨烯产品中,石墨烯粉体是最易于批量化制备的产品,具有低成本、易于复合、易于加工等优点,能够满足复合材料、能源存储、生物医药等诸多领域的应用需求。化学气相沉积生长方法克服了常规氧化还原法、液相剥离法、电化学剥离法、球磨法等制备的粉体石墨烯结晶性差、厚度和畴区尺寸不均匀、杂质含量较多、导电性差等缺点,为大规模生产高质量石墨烯粉体提供了新的可能。

石墨烯粉体一般是在模板基底上生长,常见的模板主要包括金属颗粒和非金属颗粒两大类。一般来说,石墨烯生长完成后,需要将模板去除。其中,有些模板可溶解去除后重结晶反复利用。而有些模板也可以保留,直接应用在能源、传感、电化学领域,发挥石墨烯基复合材料的优势。此外,石墨烯粉体也能够实现无模板的 CVD 制备。无模板合成策略的优势在于可以避免烦琐耗时的模板去除过程,也避免了基底残留或基底去除过程中引入的额外杂质。相对于常规基底表面吸附活性碳物种进而完成石墨烯成核的过程,CVD 无模板法合成石墨烯粉体的工艺过程中,气相中需要有过量的碳物种才能促使石墨烯不断成核和长大,最终得到石墨烯粉体产物。目前,使用裂解势垒更低的乙醇碳源,在等离子体增强 CVD 或热 CVD 体系中,已成功实现了无规则结构的石墨烯粉体的制备。此外,选用微波等离子体辅助法或电弧放电辅助也能加快碳源裂解,制备石墨烯粉体(Shane,2012)。

4.2.1　基于金属模板的化学气相沉积技术

使用化学气相沉积法在金属颗粒模板表面制备粉体石墨烯时,碳源的裂解温度与模板的高温烧结温度之间需要寻找合适的平衡点。一般来说,为避免模板的高温烧结,多选用更易裂解的固体或液体碳源,以避免气态碳源高温裂解带来的负面影响。比如,Choi 等利用 Ni 等具有石墨烯偏析生长机制的金属颗粒,成功在其表面生长出了厚度约为 2.7 nm 的少层石墨烯包覆的壳层结构。为避免 Ni 颗粒的团聚和熔融,他们选用在 250℃ 对在聚苯乙烯中单分散的镍金属颗粒热解碳化,生成碳包覆的镍颗粒。随后,在 500℃ 的生长温度下,多层石墨烯壳层以偏析生长的方式在 Ni 颗粒表面生成,从而使石墨烯包覆的镍颗粒可以维持原始镍颗粒的大小和形貌。在镍颗粒被去除后,可以获得中空球状的石墨烯粉体[图 4-23(a)]。除聚苯乙烯外,聚甲基丙烯酸甲酯(PMMA)、蔗糖等有机碳源也能够被用来在镍粉上宏量制备石墨烯壳层。然而,固体或液体碳源的碳供给量过大,难以精细调控,因而制备出的石墨烯通常层数较多。为了制备少层尤其是单层石墨烯粉体,需要选择气态碳源,并通常选用高熔点、难还原的金属氧化物作为石墨烯生长的基底。

图 4-23 金属颗粒表面偏析生长的石墨烯壳层结构

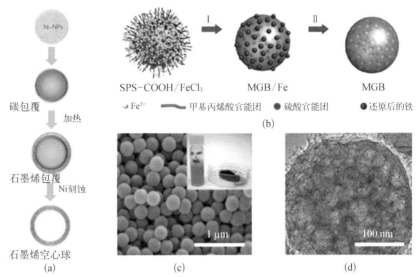

(a) 基于 Ni 颗粒制备空心石墨烯球的过程示意;(b) 基于 FeCl₃/聚苯乙烯复合微球制备多介孔石墨烯球的过程示意;(c) FeCl₃/聚苯乙烯复合微球的 SEM 图片[插图为 CVD 反应前(左)、后(右)的实物形貌];(d) 介孔石墨烯球的 TEM 图片

除金属粉体外,以金属离子功能化的 $FeCl_3$/聚苯乙烯复合微球为前驱体,在生长温度为 1 000℃的 H_2/Ar 混合气中,先将三价铁离子还原为多孔金属铁颗粒,随后在金属铁颗粒外围,聚合物逐渐裂解并转变成多层石墨烯。[57]溶解去除铁颗粒后,也能得到大量球状石墨烯壳层[图 4 - 23(b)~(d)]。而且此方法得到的是多介孔结构,具有更高的比表面积(508 $m^2 \cdot g^{-1}$)。类似地,利用碱式碳酸铜/聚甲基丙烯酸甲酯的复合结构,将模板溶解后,能得到比表面积(1 500 $m^2 \cdot g^{-1}$)更大的具有微孔-介孔-大孔的分级多孔结构。

4.2.2 基于非金属模板的化学气相沉积技术

目前已报道的用于粉体石墨烯生长的非金属模板主要是二氧化硅和金属氧化物,如氧化镁、氧化铝、氧化钙、氧化锰、氧化钛、氧化锆、氧化锂等。此外,一些半导体,如碳化硅粉末也可作为石墨烯粉体的生长基底。早在 2011 年,Mark. H. Rummeli 等就在纳米 MgO 粉体表面,利用乙醇或甲烷为碳源,在850℃的生长温度下,在 MgO 基底表面生长出了少层石墨烯,但其结晶度较差(Bachmatiuk,2013)。通过调节生长温度、碳源种类、碳源浓度、生长时间及体系压强等,石墨烯粉体的厚层数、缺陷密度,甚至垂直或水平结构都可以被调控。然而,刻蚀模板所需溶剂多为强酸、强碱、强氧化剂等,对环境不友好,与绿色合成工艺的兼容性较差。

北京大学刘忠范课题组率先使用水溶性氯化钠(NaCl)微晶粉末作为生长基底,选用裂解势垒较低的乙烯碳源,在其表面生长出了石墨烯壳层,随后采用简单水洗的方式去除了基底。基底刻蚀后石墨烯仍保持立方体结构(图 4 - 24)和大的比表面积;同时,氯化钠盐经过重结晶也可以实现重复利用,由此开创了一种石墨烯粉体绿色制备的新思路。

此外,具有高比表面积的三维分级结构,如人工合成的介孔氧化镁纳米线、层状复合氧化物纳米片、分级微/介孔二氧化硅颗粒和天然矿化材料硅藻土表面,也能够实现高结晶度石墨烯的均匀生长(Chen,2016)。石

图4-24 以氯化
钠为模板制备石墨
烯粉体[61]

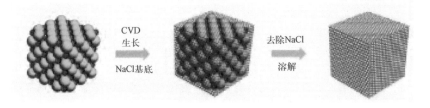

墨烯框架完全复制了基底的结构,且在基底去除后石墨烯多级结构仍旧
稳定存在。大的比表面积极大地增强了其吸附能力。这类石墨烯材料的
具体制备工艺将在第7章详细介绍。可以预见,随着批量制备装置的研
发和相关工艺的发展,利用CVD方法大规模制备高质量粉体石墨烯必将
在未来的工业发展中发挥其独特的优势。

4.3   石墨烯薄膜的规模化生长技术

石墨烯在廉价金属箔材上的化学气相沉积生长方法为其高质量大面
积制备开辟了方向。石墨烯在铜箔表面的自限制生长特性,使其尤其适
用于工业规模的批量制备。批次制程(batch-to-batch process)和卷对卷
制程(roll-to-roll process)两种制备工艺被学术界和工业界广泛研究用于
石墨烯的批量制备。此外,人们还对石墨烯批量制备的设备、核心工艺参
数等进行了大量探索。除了实验室级别的质量控制之外,对于工业规模
石墨烯薄膜的制备而言,石墨烯的良品率、大面积均一性、生产效率、制备
成本都需要综合考量。

需要注意的是,石墨烯的批量制备不仅仅是一个科学和技术上的问
题,而是需要综合考虑工程科学、放量技术、商业化、实际应用等诸多方面
的复杂问题。例如,对环境的影响、制备过程的安全性,以及石墨烯相关
的国际和国家标准等,都需要同步进行研究和制定。而从科学和技术的
角度,人们已经从制程、仪器、关键生长参数等多方面对石墨烯批量制备
进行了诸多探索。

4.3.1 批次制程

由于铜箔上石墨烯生长具有良好的自限制效应,石墨烯批量制备最自然的思路是搭建大尺寸的高温化学气相沉积系统,成批制备石墨烯薄膜(批次制程)。如何实现石墨烯大面积生长的均一性是主要需要考虑的问题。2010 年,韩国 Hong Byung Hee 研究组采用低压化学气相沉积方法实现了 30 英寸铜箔上石墨烯的批量制备。如图 4-25(a)所示,30 英寸的铜箔弯曲紧贴 7.5 英寸的石英管外壁,并放入 8 英寸石英管生长腔体中。管式炉内石英管径向温度均一,铜箔整体受热均匀,生长的石墨烯在大范围内具有良好的均一性。石墨烯具有良好的单层性,质量非常高,单层透光度为 97.4%,面电阻达到 125 Ω·sq^{-1}。这个工作首次证明了 CVD 方法具有批量制备石墨烯薄膜的潜能。

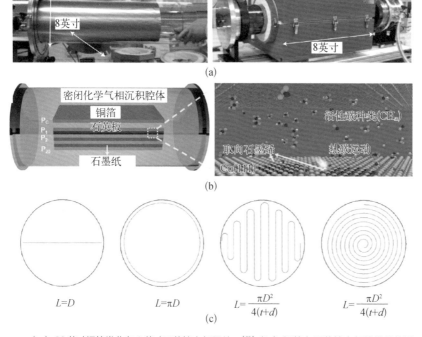

图 4-25 石墨烯薄膜规模制备的批次制程

(a)30 英寸铜箔卷曲在 8 英寸石英管内部照片;[69](b)铜箔在石英管内部的堆垛放置结构;(c)不同的铜箔堆垛方式的空间利用率

　　　　　　　　　　　　　　　　　　　　　石墨烯制备技术

考虑到批量制备的生产效率和成本,高效利用石英管内部空间非常重要。由于铜箔具有非常良好的柔性,在相同的石英管管径条件下,不同的铜箔堆叠方式具有完全不同的铜箔有效长度。如图 4 - 25(c)所示,设定石英管的直径为 D,铜箔的厚度为 t,铜箔与铜箔最小间隔为 d,铜箔有效长度为 L,采用直径放置、周长放置、堆叠放置、卷曲放置的铜箔有效长度公式如标注所示。采取堆叠放置和卷曲放置能实现的铜箔生长尺寸远远大于炉体特征尺寸,这对于降低生产成本具有重要的价值。

除了将铜箔卷曲起来之外,铜箔也可以采用其他的堆积方式,更加有效地利用石英管内部空间。2018 年,中科院苏州纳米所的 Liu 研究组将铜箔堆叠放置,如图 4 - 25(b)所示。铜箔层层堆积,中间以碳纸分隔开来以防止铜箔在高温下粘连(Xu,2017)。作者采用了一种所谓的"静态气流"常压化学气相沉积方法,在通入足够量生长气体后切断气体供给,保持生长腔体内部稳定的气体环境,有利于提高石墨烯生长的均匀性。当使用批次制程的工艺,将铜箔堆叠起来,除了充分利用反应腔室空间外还有一个好处,即在铜箔之间形成了小狭缝使得气体的流动变成分子流,甲烷分子可以与铜箔快速碰撞,从而可以大大提高生长速度。

4.3.2　卷对卷制程

卷对卷方法也被广泛研究用于石墨烯的批量化制备。铜箔由于具有良好的柔性,能很容易地集成到卷对卷制程之中。其关键问题在于设计合适的卷对卷生产设备,使得高温生长和连续化过程相结合。设计的原则应当考虑如下方面:温度均一性、气流的均一性、前驱体的有效混合、铜箔的应力控制。

日本的 Hesjedal 等首次展示了卷对卷制程,如图 4 - 26(a)所示是一种典型的卷对卷设备示意图(Hesjedal,2011)。该方法采用常压化学气相沉积,生长气体通过气体扩散装置进入生长系统。铜箔通过 1 in 的管式炉连接在两个辊轮上,运转速度为 $1 \sim 40 \ cm \cdot min^{-1}$。该方法制备的石墨

烯质量不高,缺陷较多。2015 年,北京大学的刘忠范-彭海琳研究团队改
进该生长方法,提出了石墨烯的低压卷对卷化学气相沉积制备方法,实现
了 5 cm×10 m 尺寸铜箔表面石墨烯薄膜的连续化制备,如图 4-26(b)所
示。石英管的直径为 4 英寸,铜箔的运动由一个电动马达控制的步进电
机控制,其运转速度为 0~50 cm·min^{-1}。通过精确地控制气体流量、运
转速度等,制备得到的单层石墨烯面电阻可达 600 Ω·sq^{-1}。此外,他们
还将石墨烯采用电化学鼓泡的方法转移到塑料基底上,实现了尺寸达到
5 cm×10 m 的石墨烯透明导电薄膜的制备。

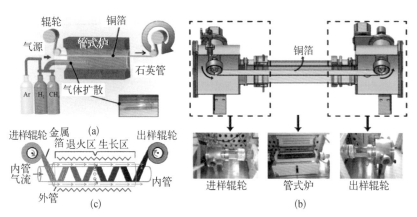

图 4-26 石墨烯的卷对卷批量制备制程

(a) 小尺寸铜箔表面石墨烯的卷对卷制备示意[71];(b) 石墨烯同心轴卷对卷制备示意;
(c) 大尺寸铜箔表面石墨烯的卷对卷批量制备示意及其设备

通常而言,在石墨烯生长之前,需要将铜箔在氢气环境下退火,以除
去铜箔表面的氧化层,提高铜晶粒尺寸以得到高质量石墨烯薄膜。以上
提到的两种卷对卷的炉体设计均无法实现退火的过程。为此,美国麻省
理工学院的 Hart 等提出了使用同心轴卷对卷化学气相沉积方法,如图
4-26(c)所示。炉体由内管和外管构成,薄铜箔缠绕在内管上,在辊轮的
作用下连续地在内管和外管之间运转(Polsen,2015)。高温区分为退火区
和生长区,退火区由外管供给氢气退火,生长区由内管供给甲烷生长,在
一次卷对卷过程中同时实现了退火和生长两个步骤。运转速度是石墨烯
卷对卷制程的一个重要参数。通常而言,石墨烯薄膜的质量与产能不可

石墨烯制备技术

兼得。要考虑石墨烯的成核和生长速度、气体供给等决定最优化的生长时间,进而确保在尽可能大的运转速度下进行高质量石墨烯薄膜的制备。

为了在卷对卷过程中确保稳定地运转,必须对铜箔施加一定的应力。然而,施加的应力必须要限制在一个比较小的数值以防止铜箔在高温下的变形问题。此外,有研究表明生长在铜箔上的多晶石墨烯会在大约0.44%的拉伸应力下断裂,这表明在卷对卷制备过程中,对铜箔施加的应力不应超过这个应力数值。有的卷对卷系统的设计可以采用铜箔自身的重力实现应力的控制。Zhong 等报道了开口常压卷对卷化学气相沉积,他们采用垂直炉体的设计,将铜箔悬挂起来,从而有效地避免了化学气相沉积过程中的热膨胀和收缩(Zhong,2016)。此外,也可以采用等离子化学气相沉积的方法降低石墨烯的生长温度,也可以有效地降低高温下铜箔在一定应力下的拉伸行为。比如,日本的 Yamada 等采用微波等离子体的方法,成功实现了 400℃ 铜箔表面石墨烯的化学气相沉积制备。然而,这种方法制备的石墨烯薄膜质量较差(Yamada,2012)。

4.3.3 工业级别的制备装备

化学气相沉积设备是石墨烯合成的关键,温度的控制是核心,因此加热模式是主要需要考虑的方面。此外,等离子化学气相沉积是现代工业中降低生长温度和节约耗能的一种有效方法,因此也被用于石墨烯薄膜的批量制备。

高温是石墨烯在金属表面生长的必要条件。通常实验室使用的热化学气相沉积方法采用电阻加热的方式,是一种热壁生长系统,也即同时对石英管和生长基底加热。然而,热壁化学气相沉积过程通常升温降温时间较长,限制了石墨烯薄膜制备的产能。因此,一种提高石墨烯制备效率、降低成本的方法是采用冷壁化学气相沉积系统。冷壁化学气相沉积系统只对生长基底进行加热,可以实现快速升温和降温。多种类型的冷壁化学气相沉积方法被研究用来实现石墨烯薄膜的生长,包括电磁感应加热、红外灯加热、焦耳加热、电阻加热台等。

工业上大规模金属加热经常采用电磁感应加热方法,其原理是螺旋线圈在交变电场的作用下产生交变磁场,进而在金属基底诱导涡流加热。2013年,美国得州奥斯汀大学的Ruoff研究组采用射频电磁感应加热铜箔基底的方法快速制备石墨烯薄膜,其仪器的原理如图4-27(a)所示(Piner,2013)。该系统由真空泵、气体注入、电感线圈、射频电源等部分构成。通过光学测温计和射频电源的耦合,实现基底温度的精确控制。感应加热模式可以实现铜箔在2 min内从室温快速升温到1 035℃,冷却速度也可高达30℃·s^{-1}。研究发现,表面涡流对生长没有影响,这种方法制备的石墨烯质量可以与热壁化学气相沉积石墨烯比拟,其室温迁移率超过10 000 cm^2·V^{-1}·s^{-1}。

辐射加热也是一种非常快速的加热方式。2014年,韩国的Hong研究组采用卤灯加热铜箔的方法实现了石墨烯的快速制备,如图4-27(c)所示(Ryu,2014)。加热组件由24个并排的卤灯构成,卤灯可以辐照从可见到红外波段的电磁波对石墨板基座直接加热,而石墨基板可以有效地将近红外光转换为热辐射,从而实现对铜箔更均匀的加热效果。铜箔悬空在石墨板基座之间以减小由于加热膨胀导致的变形。这种加热方法具有非常快的加热速度,只需要5 min即可从室温升温到970℃,而典型的热壁化学气相沉积系统需要大约1 h。这种方法制备的石墨烯也具有非常高的质量,可与热化学气相沉积方法石墨烯薄膜媲美,单层石墨烯面电阻达到249 Ω·sq^{-1}。

2015年,英国埃克塞特大学的Craciun研究组报道了采用电阻加热台的方法给铜箔加热,其方法以及原理如图4-27(e)所示(Bointon,2015)。反应腔体由一个电阻加热台和一个热电偶为主要部件组成,可以实现1 100℃稳定温度。铜箔放置在石墨材质的加热台上,加热台由内置电阻直接加热,并通过热电偶精确控制加热台温度。这种对加热台直接加热的方法使铜箔基底均匀受热,而且只加热铜箔生长基底而不加热炉体,铜箔的温度可以达到1 000℃,而腔体的温度只有100℃,从而有效地

图 4-27 石墨烯
规模制备设备

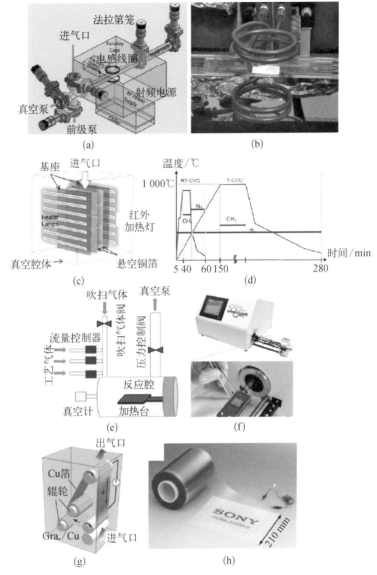

（a）（b）电磁感应加热系统用于铜箔加热制备石墨烯的仪器原理及实物；（c）（d）红外加
热法用于铜箔快速加热制备石墨烯的仪器原理及升降温曲线；（e）（f）电阻加热台法用于铜箔
加热快速制备石墨烯的仪器原理及实物；（g）（h）焦耳加热法用于铜箔的快速制备卷对卷系统
的原理及制备并转移的石墨烯/PET 卷

抑制了气相反应的发生，有利于均匀石墨烯的生长。这种方法制备石墨
烯的原理与典型的制备过程有所不同：在这种方法中，在生长的早期，铜
表面形成比较厚的碳层，随着生长时间的延长，碳层逐渐变薄，并最后形

成石墨烯。这种方法制备的石墨烯非常均匀,在 1.4 K 温度下的迁移率达到 $3\,300\,\mathrm{cm^2 \cdot V^{-1} \cdot s^{-1}}$。

除此之外,2013 年,索尼公司的先进材料实验室提出一种基于焦耳加热铜箔方法实现石墨烯的卷对卷批量制备(Kobayashi,2013)。如图 4-27(g)所示,焦耳加热卷对卷设备由不锈钢真空腔体、成对辊轮、电流供给电极等部分组成。悬空的铜箔两端通过电流供给电极负载一定的电流,由于铜箔具有很小的热辐射率($\varepsilon = 0.04$)和很高的热导率,在焦耳热效应下温度可以升高到 $1\,000\,℃$。一次典型的实验中,在固定电流密度 $J = 82\,\mathrm{A \cdot mm^{-2}}$ 下,温度为 950℃,铜箔绕行速度为 $0.1\,\mathrm{m \cdot min^{-1}}$,在 16 h 实现了宽度 0.21 m、长度 100 m 的石墨烯薄膜的生长。这种方法制备的石墨烯薄膜具有较高的质量,面电阻约为 $500\,\mathrm{\Omega \cdot sq^{-1}}$,而且在长度方向比较均匀。但是需要注意的是,由于边缘热损失,铜箔焦耳加热在宽度方向上的温度分布并不均匀。因此,铜箔中心的石墨烯覆盖度高于边缘。

值得注意的是,虽然大量的冷壁 CVD 方法被提出来用于石墨烯的生长,但是其生长的薄膜质量大都不高,只有少数冷壁化学气相沉积方法制备的石墨烯的质量可以与传统的热化学气相沉积的方法相媲美。目前最高质量的石墨烯薄膜材料基本上是基于传统的电阻加热型热壁化学气相沉积方法制备的。因此,人们仍然需要探索新的方法或者工艺以进一步提高冷壁化学气相沉积方法制备的石墨烯质量。

参考文献

［1］ Yan K, Fu L, Peng H L, et al. Designed CVD growth of graphene via process engineering[J]. Accounts of Chemical Research, 2013, 46(10): 2263 - 2274.

［2］ Lin L, Deng B, Sun J Y, et al. Bridging the gap between reality and ideal in chemical vapor deposition growth of graphene [J]. Chemical Reviews, 2018, 118(18): 9281 - 9343.

［3］ Wang H, Xu X, Li J, et al. Surface monocrystallization of copper foil for

石墨烯制备技术

fast growth of large single-crystal graphene under free molecular flow[J].
Advanced Materials, 2016, 28(40): 8968 - 8974.

[4] Xu X, Zhang Z, Dong J, et al. Ultrafast epitaxial growth of metre-sized singlecrystal graphene on industrial Cu foil[J]. Science Bulletin, 2017, 62 (15): 1074 - 1080.

[5] Xu X, Zhang Z, Qiu L, et al. Ultrafast growth of single-crystal graphene assisted by a continuous oxygen supply[J]. Nature Nanotechnology, 2016, 11(11): 930 - 935.

[6] Zou Z Y, Fu L, Song X J, et al. Carbide-forming groups IVB-VIB metals: A new territory in the periodic table for CVD growth of graphene [J]. Nano Letters, 2014, 14(7): 3832 - 3839.

[7] Lin L, Li J, Ren H, et al. Surface Engineering of copper foils for growing centimeter-sized single-crystalline graphene[J]. ACS Nano, 2016, 10(2): 2922 - 2929.

[8] Vlassiouk I V, Stehle Y, Pudasaini P R, et al. Evolutionary selection growth of twodimensional materials on polycrystalline substrates [J]. Nature Materials, 2018, 17(4): 318 - 322.

[9] Li X S, Cai W W, An J, et al. Large-area synthesis of high-quality and uniform graphene films on copper foils[J]. Science, 2009, 324(5932): 1312 -1314.

[10] Hao Y F, Bharathi M S, Wang L, et al. The role of surface oxygen in the growth of large single-crystal graphene on copper[J]. Science, 2013, 342 (6159): 720 - 723.

[11] Wu T R, Zhang X F, Yuan Q H, et al. Fast growth of inch-sized single-crystalline graphene from a controlled single nucleus on Cu-Ni alloys[J]. Nature Materials, 2016, 15(1): 43 - 47.

[12] Li X S, Magnuson C W, Venugopal A, et al. Large-area graphene single crystals grown by low-pressure chemical Vapor deposition of methane on copper[J]. Journal of the American Chemical Society, 2011, 133(9): 2816 - 2819.

[13] Wang H, Wang G, Bao P, et al. Controllable synthesis of submillimeter single-crystal monolayer graphene domains on copper foils by suppressing nucleation[J]. Journal of the American Chemical Society, 2012, 134(8): 3627 - 3630.

[14] Celebi K, Cole M T, Choi J W, et al. Evolutionary kinetics of graphene formation on copper[J]. Nano Letters, 2013, 13(3): 967 - 974.

[15] Lin L, Sun L, Zhang J, et al. Rapid growth of large single-crystalline graphene via second passivation and multistage carbon supply [J]. Advanced Materials, 2016, 28(23): 4671 - 4677.

[16] Deng B, Pang Z, Chen S, et al. Wrinkle-free single-crystal graphene

wafer grown on strain-engineered substrates[J]. ACS Nano, 2017, 11 (12): 12337-12345.

[17] Li B W, Luo D, Zhu L, et al. Orientation-dependent strain relaxation and chemical functionalization of graphene on a Cu (111) Foil[J]. Advanced Materials, 2018, 30(10): 1706504.

[18] Lin L, Zhang J C, Sun H S, et al. Towards super-clean graphene [J]. Nature Communications, 2019,10(1): 1-7.

[19] Shi L R, Pang C L, Chen S L, et al. Vertical graphene growth on SiO microparticles for stable lithium ion battery anodes[J]. Nano Letters, 2017, 17(6): 3681-3687.

[20] Sun J Y, Gao T, Song X J, et al. Direct growth of high-quality graphene on high kappa dielectric SrTiO₃ substrates[J]. Journal of the American Chemical Society, 2014, 136(18): 6574-6577.

[21] Rummeli M H, Bachmatiuk A, Scott A, et al. Direct low-temperature nanographene CVD synthesis over a dielectric insulator[J]. ACS Nano, 2010, 4(7): 4206-4210.

[22] Chen Z, Qi Y, Chen X D, et al. Direct CVD growth of graphene on traditional glass: methods and mechanisms [J]. Advanced Electronic Materials, 2019, 31(9): 1803639.

[23] Qi Y, Deng B, Guo X, et al. Switching vertical to horizontal graphene growth using faraday cage-Assisted PECVD approach for high-Performance transparent heating device[J]. Advanced Materials, 2018, 30(8): 1704839.

[24] Teng P Y, Lu C C, Akiyama-Hasegawa K, et al. Remote catalyzation for direct formation of graphene layers on oxides[J]. Nano Letters, 2012, 12 (3): 1379-1384.

[25] Wang M, Jang S K, Jang W J, et al. A platform for large-scale graphene electronics - CVD growth of single-layer graphene on CVD - grown hexagonal boron nitride [J]. Advanced Materials, 2013, 25 (19): 2746-2752.

[26] Li Q C, Zhao Z F, Yan B M, et al. Nickelocene-precursor-facilitated fast growth of graphene/h-BN vertical heterostructures and its applications in OLEDs[J]. Advanced Materials, 2017, 29(32): 1701325.

[27] Chen X D, Chen Z L, Jiang W S, et al. Fast growth and broad applications of 25 inch uniform graphene glass[J]. Advanced Materials, 2017, 29(1): 1603428.

[28] Yoon S M, Choi W M, Baik H, et al. Synthesis of multilayer graphene balls by carbon segregation from nickel nanoparticles[J]. ACS Nano, 2012, 6(8): 6803-6811.

[29] Lee J S, Kim S I, Yoon J C, et al. Chemical vapor deposition of

石墨烯制备技术

mesoporous graphene nanoballs for supercapacitor[J]. ACS Nano，2013，7
(7)：6047 − 6055.

[30] Shi L R，Chen K，Du R，et al. Direct synthesis of few-layer graphene on
NaCl crystals[J]. Small，2015，11(47)：6302 − 6308.

[31] Bae S，Kim H，Lee Y，et al. Roll-to-roll production of 30-inch graphene
films for transparent electrodes[J]. Nature Nanotechnology，2010，5(8)：
574 − 578.

[32] Deng B，Hsu P C，Chen G C，et al. Roll-to-Roll encapsulation of metal
nanowires between graphene and plastic substrate for high-performance
flexible transparent electrodes [J]. Nano Letters，2015，15 (6)：
4206 − 4213.

[33] Deng B，Liu Z F，Peng H L. Toward mass production of CVD graphene
Films[J]. Advanced Materials，2018，31(9)：1800996.

第 5 章

石墨烯的有机合成
技术

5.1　有机合成基本原理

　　有机合成是一种典型的自下而上(bottom-up)的制备方法。石墨烯的有机合成有两种实现途径:基于传统有机化学的液相合成技术,以及金属表面辅助的合成技术。这两种方法均采用合理设计的小分子前驱体,偶联反应实现高分子化,进而通过关环反应获得大尺寸的共轭石墨化结构。采用有机合成技术,人们已经能够合成石墨烯纳米带、石墨烯纳米片、多孔石墨烯等多种形貌的纳米结构;并且能够有效地对纳米结构的宽度、长度、边缘结构、异质掺杂等进行调控。化学合成的石墨烯纳米带具有确定的结构,其性质可调控性良好,对研究石墨烯纳米带的基础物理以及发展基于石墨烯纳米带的纳米电子和光电子器件具有重要意义。

　　早在1995年,德国马克斯-普朗克研究所(以下简称"马普所")的Mullen研究组采用低聚物前驱体,基于分子内的氧化环化脱氢反应,合成了多环芳烃(Polycyclic Aromatic Hydrocarbons,PAH),可以认为是纳米尺寸石墨烯(Wu,2007)。2000年,他们首次以聚苯高分子作为前驱体,采用分子内环化脱氢反应合成了石墨烯纳米带。聚苯高分子前驱体由A_2B_2型 Diels-Alder 反应高分子化获得。[1]然而这种高分子化的方法只能够制备随机扭结(kink)的石墨烯纳米带。随后,他们采用 A_2B_2 型 Suzuki 偶联[2]和 AA 型 Yamamoto 偶联[3]反应得到了直线型、结构确定的石墨烯纳米带。此外,采用 AB 型 Diels-Alder 反应,可制备长度达到500 nm、结构确定、液相可加工性良好的石墨烯纳米带。[4]

　　随着有机合成石墨烯的尺寸变大,其溶解度和加工性下降,给后续的表征和应用带来困难。因此,人们也发展了表面辅助的合成方法,直接在特定的基底表面合成石墨烯纳米带。2010年,Mullen 研究组和 Fasel 研究组首先报道了这种合成策略。[5]他们将双卤素前驱体挥发到金属表面,前驱体脱卤素形成自由基,自由基偶联高分子化,进而在金属表面热活化环化脱氢形成原子精确的石墨烯纳米带。这种表面合成的方法具有普适性，随后被应用到其他的单体结构制备结构丰富的石墨烯纳米带，以实现不同的边缘结构、不同的纳米带宽度、异质原子掺杂等。[6]

本节我们将根据偶联反应类型分别介绍液相合成技术和表面合成技术。

5.1.1 液相合成技术

1. A_2B_2型 Dieles‑Alder 高分子化

2000 年，Mullen 研究组采用 Dieles‑Alder 反应高分子化和氧化环化脱氢的方法制备了类石墨烯纳米带。[1]如图 5‑1 所示，他们首先采用 A_2B_2型 Dieles‑Alder 反应，以反应前驱体 **1** 和 **2** 合成了聚苯化合物 **3**。通过调控单体的浓度和反应时间，可以得到具有不同数均分子量的聚苯化合物 **3**，采用尺寸排阻色谱测得分子量范围为 12 000～120 000 g · mol^{-1}。进而，对聚苯化合物 **3** 进行环化脱氢得到石墨化高分子 **4**，其效率由拉曼光谱和傅里叶红外光谱分析测得。然而，由于化合物 **4** 的溶解性非常差，对其后续的表征非常困难。由于前驱体 **1** 和 **2** 的异构化，聚苯化合物 **3** 是三种同分异构体的混合体。而且在环化脱氢过程中，前驱体 **3** 可以围绕聚苯主链自由旋转，在石墨化过程中会形成更多的同分异构体。因此，石墨化高分子 **4** 不是直线型的，其内部存在大量无规则的扭结。此外，在

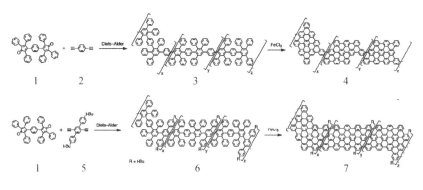

图 5‑1　A_2B_2型 Dieles‑Alder 偶联合成石墨烯纳米带[1,7]

高分子 **4** 的一个结构单元中,有两个苯环缺失,因此这种高分子更像是纳米尺寸石墨烯联结而成的结构,而不像是严格意义上的石墨烯纳米带。

2003 年,Mullen 研究组将偶联反应前驱体 **2** 换成前驱体 **5**,采用同样的反应策略,得到了聚苯前驱体 **6**。[7]进而采用环化脱氢的方法得到了具有规则侧向宽度的石墨烯纳米带 **7**。然而,在这种前驱体设计中,高分子化步骤的结构各向异性同样不可避免。因此,最终得到的石墨烯纳米带 **7** 是弯曲、无规扭结的结构,由三种不同的结构单元构成。因此,合理设计偶联反应前驱体结构和相应的聚苯化合物,对于获得均一的直线型、结构确定的石墨烯纳米带非常重要。

2. A₂B₂型 Suzuki 高分子化

2008 年,Mullen 研究组采用 A_2B_2 型 Suzuki 偶联反应,合成了直线型的均一宽度 $N=9$ 的 armchair 型石墨烯纳米带[2],如图 5-2 所示。采用 Suzuki‐Miyaura 反应,将前驱体 **1** 和 **2** 在 120℃ 温度下偶联得到聚苯化合物 **3**。尽管前驱体 **1** 和 **2** 具有很高的空间位阻,该反应的产率达到 75%,而且聚苯化合物 **3** 的数均分子量达到 14 000 g·mol^{-1}。随后,采用 $FeCl_3$ 作为氧化剂,聚苯化合物 **3** 发生分子内 Scholl 脱氢反应得到石墨烯

图 5-2 A₂B₂型 Suzuki 高分子化制备石墨烯纳米带[2]

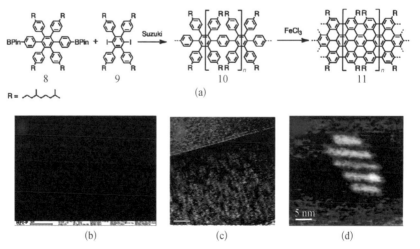

（a）石墨烯纳米带的合成过程;（b）石墨烯纳米带的 SEM 表征;（c）石墨烯纳米带的 TEM;（d）石墨烯纳米带的 STM 表征

纳米带 **4**,产量达到 65%。通过在芳香环周边引入大量烷基侧链的策略,石墨烯纳米带 **4** 在常规有机溶剂(比如 THF 和二氯甲烷)里具有良好的溶解度。

对石墨烯纳米点 **4** 进行紫外可见光谱表征,发现其最大吸光波长 λ_{max} 为 485 nm。与前驱体 **3** 相比,石墨烯纳米带 **4** 有明显的光谱红移,红移波长大约为 200 nm,这表明高分子化的过程形成了大的共轭体系。这种纳米带的宽度小于 1 nm,其光学带隙大于 2.2 eV。将石墨烯纳米带 **4** 的四氢呋喃(THF)溶液滴涂在二氧化硅基底上,即可得到一维的纳米带结构。根据 SEM 表征,其宽度大约为 100 nm,长度大约为 5 μm。透射电子显微镜表征也表明其具有良好的堆叠结构,其层间距为 3.4 Å,与石墨烯的层间距吻合。将石墨烯纳米带转移到 HOPG 基底上进行扫描隧道显微镜表征,可以看到约五个分子取向一致平行排列组成的聚集体,其长度为 8~12 nm。

这种方法合成的石墨烯纳米带虽然具有确定的结构而且溶解性较好,然而其长度比较短,这意味着高分子化过程的效率比较低。其原因主要在于空间位阻效应以及 Suzuki 偶联需要两种前驱体。此外,Suzuki 反应的侧向扩展性比较差,这意味着石墨烯纳米带的尺寸受限于单体的结构。因此,发展其他的单前驱体偶联方式、能实现侧向扩展的偶联方式也成了重要的研究方向。

3. AA 型 Yamamoto 高分子化

由于石墨烯纳米带的光学和电学性质受纳米带宽度的影响很大,因此调控石墨烯纳米带的宽度具有重要的意义。2012 年,Mullen 研究组采用 AA 型 Yamamoto 偶联反应合成了侧向可扩展的石墨烯纳米带。[3] 如图 5-3 所示,他们首先合成了两侧都卤素官能团化的前驱体 **1**,然后采用 Yamamoto 高分子化得到了侧向可扩展的聚苯化合物 **2**,其数均分子量为 52 000 g·mol⁻¹。聚苯化合物 **2** 的分子质量明显地高于由 Suzuki 反应得到的聚苯化合物。进一步进行氧化脱氢环化反应得到石墨烯纳米带 **3**,其长度大约为 30 nm,宽度为 1.54~1.98 nm。根据紫外可见光谱,较宽的石

图 5 - 3 AA 型
Yamamoto 高分子
化制备石墨烯纳
米带[3]

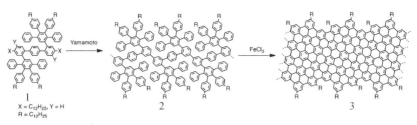

$X = C_{12}H_{25}, Y = H$
$R = C_{12}H_{25}$

墨烯纳米带 **3** 的光学带隙大约为 1.12 eV。这种侧向宽度的石墨烯纳米带具有达到近红外区的非常宽的光学吸收范围,在光电器件如光伏中具有潜在的应用价值。

随后,为了得到更宽的石墨烯纳米带,他们发展了更小的单体结构,得到了 $N = 18$ 的 armchair 石墨烯纳米带,其宽度为 2.1 nm(El, 2014)。采用 Yamomato 偶联得到的石墨烯纳米带的长度也比较小,这可能是因为比较高的空间位阻以及氯化物比较低的反应活性。

4. AB 型 Diels‐Alder 高分子化

对于制备高分子量的聚苯前驱体化合物,AA 型 Yamamoto 高分子化具有比 A_2B_2 型 Suzuki 反应更高的反应效率,然而合成超过 100 nm 长度的石墨烯纳米带非常困难。2014 年,Mullen 研究组报道了 AB 型 Diels‐Alder 高分子化反应合成石墨烯纳米带。[4] 如图 5 - 4 所示,他们首先合成了前驱体 **1**,其分子内同时具有环戊二烯酮和炔基分别作为双烯和亲双烯结构,此前驱体可以直接发生 AB 型 Diels‐Alder 高分子反应。单体 **1** 的高分子化反应通过直接加热到 260~270℃ 熔融,无须任何其他试剂或者催化剂,得到非平面状的聚苯高分子 **2**,其分子量达到 640 000 g·mol^{-1}。随后,通过环化脱氢石墨化得到平面的石墨烯纳米带 **3**,其长度超过 200 nm,而且具有良好的溶液可加工性。

紫外可见光谱测得最大吸收波长为 550 nm,对应光学带隙为 1.88 eV,这个数值与理论计算的光学带隙 2.04 eV 比较符合。紫外可见光谱测得的双聚体和三聚体的最大吸收波长分别为 420 nm 和 467 nm,对

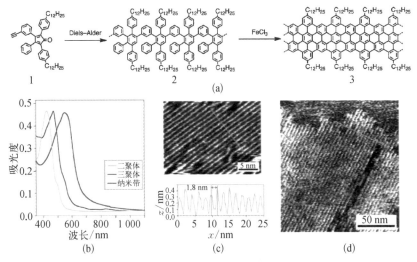

图 5 - 4　AB 型 Diels - Alder 高分子化制备石墨烯纳米带[4]

（a）石墨烯纳米带的合成过程；（b）石墨烯纳米带以及对应的双聚体和三聚体的紫外可见光谱；（c）石墨烯纳米带的 STM 照片；（d）石墨烯纳米带的 AFM 照片

应的光学带隙为 2.24 eV 和 2.09 eV。这意味着随着石墨烯纳米带的长度增加，其带隙减小，并且最小达到 1.88 eV。由于石墨烯纳米带具有良好的分散性，他们采用 STM 表征了石墨烯纳米带的分子结构。图 5 - 4(c) 为石墨烯纳米带在高定向热解石墨（HOPG）上的 STM 照片。可以观察到直线型的均一石墨烯纳米带自发排列组装成平行的结构，其高度为 0.3～0.4 nm，表明形成了自组装单分子层。平均的层间宽度为 1.8 nm，短于计算得到的包含烷基链在内的 3.8 nm 宽度，这表明石墨烯纳米带之间存在堆垛结构。将石墨烯纳米带滴涂到 HOPG 上并进行原子力显微镜表征，可发现石墨烯纳米带的长度超过 200 nm，这与根据重均分子量算得的长度 110～260 nm 比较符合。

　　如前所述，采用溶液相合成石墨烯纳米带时，石墨烯纳米带的溶解度随着纳米带的尺寸增大而减小，由于分子间强的 π - π 相互作用，容易发生聚集，最终得到的往往是粉末。虽然可以在一定程度上通过引入烷基侧链基团提高石墨烯纳米带的溶解度，但是烷基侧链的引入也可能会对石墨烯纳米带的电学性质产生不利的影响。此外，溶液相合成的石墨烯的结构也难以在原子层面上精确表征。

5.1.2　表面合成技术

　　与溶液相合成相反,表面辅助合成可以实现在某种特定的基底上石墨烯的直接制备,并且容易辅以高分辨 STM 研究,从原子层面上阐明石墨烯纳米带的结构特征和性质。

　　2010 年,Fasel 研究组和 Mullen 研究组合作,提出了表面辅助偶联反应制备石墨烯纳米带的通用策略。[5] 以 $N = 7$ 的直线型 armchair 石墨烯纳米带为例,其合成过程如图 5-5 所示,采用 10,10′-二溴-9,9′-蒽(**1**)作为反应前驱体,在超高真空体系中,将其热蒸发到 Au(111)或 Ag(111)单晶基底上。基底温度保持 200℃,单体沉积到单晶金属表面,热激发脱卤素形成双自由基中间体;脱卤素的单体具有足够的动能可以在金属单晶表面扩散,进而发生碳碳键的偶联形成线装聚苯高分子链;最后,样品在400℃退火 10 min,聚苯高分子环化脱氢形成石墨烯纳米带。图5-5(c)为单体脱卤素偶联成高分子链的 STM 照片,其链长的周期为 0.86 nm,与蒽分子苯环中心间距 0.85 nm 良好吻合。邻近蒽分子的氢原子空间位阻使得其沿着 σ 键发生旋转,导致其相对于金属表面的倾斜。400℃的后退火

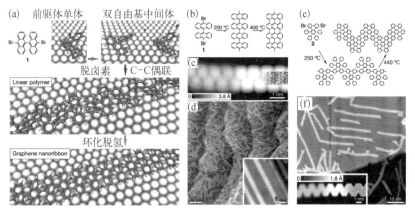

图5-5　表面辅助
制备石墨烯纳
米带[5]

　　(a)石墨烯纳米带的制备过程;(b)直线型石墨烯纳米带的制备过程;(c)Au(111)表面碳碳耦合后的线性高分子的 STM 照片;(d)直线型石墨烯纳米带的 STM 照片;(e)曲线型石墨烯纳米带的制备过程;(f)Au(111)表面上的曲线型石墨烯纳米带的 STM 照片

过程诱导了分子内的脱氢环化,最终形成平面状的石墨烯纳米带[图
5-5(d)]。

通过选用6,11-二溴-1,2,3,4-苯并菲作为前驱体,采用类似的路
径,可以合成曲线型(chevron)的石墨烯纳米带,如图5-5(e)所示。这种
前驱体的脱卤素和环化脱氢的温度分别为250℃和440℃,最终得到的曲
线型石墨烯纳米带的周期为1.70 nm,而且具有完全armchair的终止边结
构。他们进一步发现Au(111)基底限制了石墨烯纳米带的长度最大约
30 nm。此外,采用三重对称的前驱体分子,例如1,3,5-三(4″-碘-2′-二苯
基)苯,可以得到具有三重对称石墨烯纳米带结。

通过合理地选择前驱体、调控金属表面特性,表面辅助的合成方法可
以实现特定宽度石墨烯纳米带的合成、石墨烯纳米带边缘结构的控制、异
质结的制备、异质原子掺杂等多种独特的结构,并且结合扫描探针显微镜
的原位观察和表征,有助于深入理解石墨烯纳米带的结构-性质关联。

5.2   石墨烯纳米带合成技术

石墨烯具有超高的迁移率,这使得其在纳米电子领域具有潜在的应
用价值。然而,石墨烯是一种零带隙的半金属,这意味着本征石墨烯制备
的场效应晶体管器件不能被有效关断。因此,发展打开石墨烯带隙的方
法具有重要的意义。人们已经发现多种方法可以打开石墨烯的带隙,比
如垂直电场调制AB堆垛双层石墨烯、对石墨烯施加单轴应力、制备石墨
烯超结构、石墨烯表面氢原子吸附等。在这些方法中,打开较大而且可调
带隙的最直接方法是将石墨烯几何限域成纳米尺寸宽度的纳米带。理论
研究表明,石墨烯纳米带的电学性质包括带隙和载流子迁移率,依赖于石
墨烯纳米带的宽度和边缘结构。如图5-6所示,石墨烯纳米带主要有两
种类型的终止边结构:armchair终止边石墨烯纳米带(AGNRs)和zigzag
终止边石墨烯纳米带(ZGNRs)。宽度低于10 nm的armchair石墨烯纳

米带具有非零带隙,展现半导体行为,而且随着纳米带变窄,石墨烯的带隙变宽。例如,宽度为 2～3 nm 的 armchair 石墨烯纳米带具有约 0.7 eV 的带隙,这与半导体锗可以比拟。另一方面,早期的理论研究表明 zigzag 石墨烯纳米带具有与其宽度无关零带隙的金属特性。后期的研究者考虑到 zigzag 边终止石墨烯的自旋自由度,认为 ZGNRs 也存在着与宽度相关的有限带隙。与非磁性的 armchair 边纳米带相比,zigzag 边终止的石墨烯纳米带具有独特的磁学性质,使得其在自旋电子学方面具有潜在的用途。因此,精确控制石墨烯纳米带的结构(尤其是宽度和边缘结构)以期实现特定的电学和磁学性能,具有重要的意义。

图 5-6　石墨烯纳米带的终止边以及宽度定义[8]

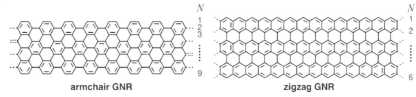

armchair GNR　　　　　　**zigzag GNR**

石墨烯纳米带的制备主要有"自上而下"(top-down)和"自下而上"(bottom-up)两种方法。自上而下又主要包括刻蚀、切割碳纳米管等方法。一般而言,采用自上而下方法制备的石墨烯纳米带具有较低的产量,而且结构可控性比较差。与之对比,采用化学合成方法制备的石墨烯纳米带可以原子级别精确地控制石墨烯纳米带尺寸。

5.2.1　纳米带终止边的控制

如前所述,终止边结构对石墨烯纳米带的电学性质有非常大的影响。因此,如何有效地控制石墨烯纳米带的边缘结构,也就是 ZGNRs 和 AGNRs,具有重要的意义。前面介绍的大部分制备方法得到的石墨烯纳米带均为 armchair 边终止。另一方面,具有 zigzag 边缘的石墨烯纳米带具有自旋极化电子边缘态,可能在未来石墨烯基自旋电子方面有重要的应用。直接合成 ZGNRs 非常困难，这是因为烷基耦合高分子化会沿着 armchair 方向进行。此外，脱氢环化不能直接得到纯粹的 zigzag 边缘结构。2016 年，Fasel 研究组通过合理设计前驱体结构，采用表面辅助的高分子化和环化脱氢反应，得到了原子尺度精确的 zigzag 边缘结构。[9] 他们设计了 U 形的单体，如图 5-7(a)所示，两个卤素官能团处在 R_1 位置，这种单体可以使得表面高分子化得到蛇状的高分子。这种前驱体的设计使得纳米带的合成非常具有可扩展性：通过在 R_1 位置引入苯基来制备更宽的石墨烯纳米带；在 R_2 位置引入苯基官能团，如图 5-7(b)所示，就可以补上高分子链的孔洞；此外，也可以通过在 R_3 位置加上官能团，在最终得到的石墨烯纳米带上引入功能基团。

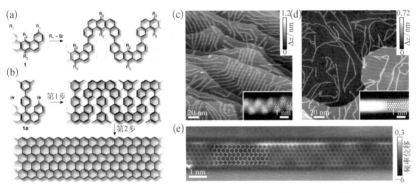

图 5-7　表面合成 ZGNRs[9]

（a）（b）U 形前驱体设计合成 zigzag 边缘终止石墨烯纳米带过程；（c）475 K 退火后 STM 照片；（d）625 K 退火后 STM 照片；（e）非接触式原子力显微镜频率位移照片

　　两步合成过程可以用 STM 直接监测。将前驱体沉积到 Au(111)表面上并经过 475 K 退火后的 STM 照片如图 5-7(c)所示，可观察到长约 50 nm 的高分子链形成，最大的表观高度为 0.3 nm，这可以归因于空间效应诱导的带有甲基基团的苯环面外变形。进一步将样品退火到 625 K，形成了完全平面的线性结构，如图 5-7(d)所示，表观高度降低为 0.2 nm，这与完全共轭的纳米带结构符合。他们采用 CO 修饰针尖的非接触原子力显微镜，表征了石墨烯纳米带的结构细节，如图 5-7(e)所示，明确地证明石墨烯纳米带具有 $N=6$ 的完全 zigzag 边缘结构。这种原子级别精确的

zigzag 边缘结构石墨烯纳米带将为分析其物理性质(例如能带结构、磁性、电荷输运和自旋输运)提供良好的平台。

5.2.2 纳米带尺寸的控制

纳米带的宽度对其电子能带结构具有非常重要的影响。由于量子限域效应,AGNRs 可以打开石墨烯的带隙,对于制备石墨烯的场效应器件非常重要,而 AGNRs 的带隙与其宽度近似成反比例关系,适合于室温应用的石墨烯纳米带在几个纳米左右。对于 armchair 型石墨烯纳米带,根据其宽度特征可以分为三种类型: $N = 3m - 1$(较小的带隙); $N = 3m$(中等带隙); $N = 3m + 1$(较大的带隙)。 目前已经报道的 AGNRs 的典型宽度有 $N = 5$, $N = 7$, $N = 9$, $N = 13$。 例如,之前报道的 $N = 7$ 的 AGNRs 具有 $2.3\,\mathrm{eV}$ 的本征带隙,其电子有效质量为 $0.4 m_e$,其带隙比较大、电子迁移率较低。因此,制备较宽的石墨烯纳米带以减小其电子有效质量,对于石墨烯纳米带在晶体管方面的应用具有重要的意义。

2013 年,Crommie 和 Fischer 研究组合成了 $N = 13$ 的 AGNRs。[10] 如图 5-8 所示,他们选择了前驱体 **1**,在超高真空体系中,前驱体蒸发到 Au(111)表面。在 200℃ 退火高分子化得到了高分子 poly-**1**,然后将其在 400℃ 退火 5 min 就可以环化脱氢得到完全共轭的 13-AGNR 结构,其宽度为 $19 \pm 2\,\text{Å}$,表观高度为 $2.1 \pm 0.1\,\text{Å}$。此外,他们还在 AGNRs 的终端观察到了局域电子能态,这可能与氢终止的 sp^2 杂化碳原子有关。随后,他们进行了扫描隧道谱测量来表征 13-AGNRs 的电子结构,一个典型的 $\mathrm{d}I/\mathrm{d}V$ 谱如图 5-8(c)所示。STS 谱反映了石墨烯纳米带的局域态密度。可以看到这种 13-AGNRs 具有 $1.4\,\mathrm{eV}$ 的带隙,比以前报道的 $N = 7$ 的 AGNRs 的带隙小 $1.2\,\mathrm{eV}$。

2017 年,Ruffieux 研究组合成了 $N = 9$ 的 AGNRs。[11] 表面合成长度较大、无缺陷的石墨烯纳米带有赖于设计较小立体位阻的分子前驱体。此外,小分子在金属表面的构型比较少,也有利于简化表面合成的过程。

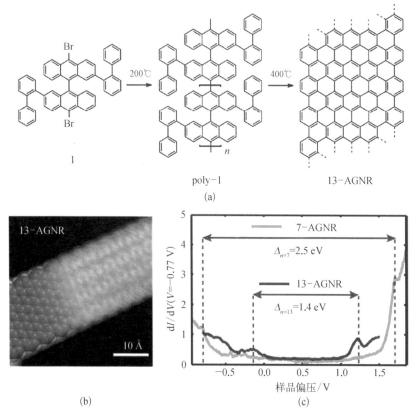

图 5 - 8　N = 13
石墨烯纳米带的
制备[10]

（a）合成原理；（b）Au（111）表面上 13 - AGNRs 的 STM 照片；（c）7 - AGNRs 和 13 -
AGNRs 的扫描隧道谱

　　如图 5 - 9 所示，基于这种考虑，他们采用了二溴- o -三联苯前驱体。在
超高真空体系中，前驱体升华到 Au(111) 表面，并且在 250℃ 退火 10 min，
即可偶联得到高分子链；随后，在 350℃ 退火 10 min，实现高分子链的环化
脱氢，最终得到完全共轭的石墨烯纳米带结构。最终得到的石墨烯纳米
带的 STM 照片如图 5 - 9(b) 所示，可见其表观高度为 0.17 nm。之后，他
们采用 CO 修饰针尖的非接触式原子力显微镜（nc - AFM）研究了石墨烯
纳米带原子结构，如图 5 - 9(c) 所示。可以看到纳米带内的成键构型，并
且直接地确证了石墨烯纳米带的宽度为 9 个原子。此外，根据原子力显
微镜成像的平面结构，可以推测石墨烯纳米带的边缘为氢终止，而不是形
成自由基并且与金属基底形成有机金属键，因为 sp^3 的几何构型会导致石

墨烯纳米带的边缘弯曲。进一步的能带结构表征表明这种9-AGNRs具有比较小的带隙(1.4 eV)和比较小的电子空穴有效质量(0.1 m_e),这使其在室温电子和光电子开关器件中具有一定的应用前景。

图5-9 9-AGNRs
的合成[11]

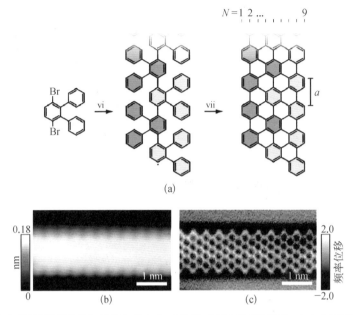

（a）

（a）石墨烯纳米带的合成过程；（b）9-AGNRs 的高分辨 STM 照片；（c）石墨烯纳米带的 CO 修饰针尖高分辨非接触 AFM 频率位移照片

以上实验观察到的石墨烯纳米带都具有比较宽的带隙,理论预测表明,宽度满足 $N = 3m + 2$(其中 m 为整数)的 AGNRs 具有非常小的带隙和接近金属的电导性质,可能作为一种理想的分子导线,用于分子级别逻辑线路的互联。2015 年,Liljeroth 研究组报道了 $N = 5$ 的超细 armchair 型石墨烯纳米带的合成。[12]如图 5-10 所示,他们采用了平行位置和反平行位置的溴取代的二溴苝 $C_{20}H_{10}Br_2$ 作为前驱体。采用通用的高分子化和环化脱氢策略,可以得到石墨烯纳米带。大范围的石墨烯纳米带的 STM 照片如图 5-10(b)所示,可以看到这些石墨烯纳米带具有一定的排列和组装结构,也就是沿着或者平行 Au(111)的表面重构方向。大多数的石墨烯纳米带都是直线型的,但是也有一些具有弯曲的结构。图 5-10

（c）为具有不同长度的石墨烯纳米带 STM 照片。可以看到，最短的石墨烯纳米带仅仅由两个单体构成，而中等长度的石墨烯纳米带由 5 个单体构成。5－AGNRs 几乎表现金属行为，其带隙约为 0.1 eV。

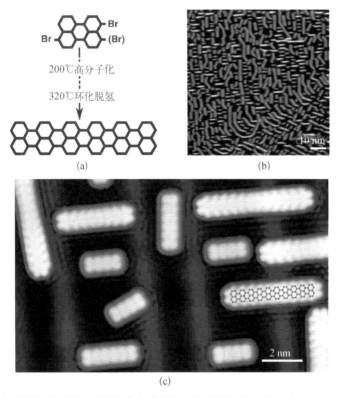

图 5－10　5－AGNRs 的合成[12]

（a）石墨烯纳米带的合成过程；（b）脱氢环化后大范围的 STM 照片；（c）具有不同长度的精细 STM 照片

5.2.3　异质掺杂纳米带的合成

通过在前驱体分子中引入异质原子，可以制备掺杂石墨烯纳米带，从而实现对石墨烯纳米带电学性能的精细调控。2014 年，Fasel 和 Mullen 研究组报道了氮掺杂石墨烯纳米带（Nitrogen-doped Graphene Nanoribbons，N－GNRs）的制备。[6]如图 5－11(a)所示，与制备本征石墨烯纳米带(pristine Graphene Nanoribbons, p - GNRs)的前驱体 **1** 相比,他们将两个苯基换用嘧啶环取代,制备了具有 4 个氮原子的前驱体 **2**。他们发现氮原子的引入并不会对分子聚合以及环化脱氢反应产生影响。在超高真空体系中,将前驱体 **2** 蒸发到 Au(111)衬底表面,并在 200℃下保持一段时间,前驱体 **2** 发生脱卤素反应形成自由基,并随后通过自由基加成反应形成弯曲的高分子链。之后,将退火温度升高到 400℃,发生表面辅助的脱氢环化反应,实现了完全芳香化的氮掺杂石墨烯纳米带制备。Au(111)台阶上 N - GNRs 的 STM 表征如图 5 - 11(b)所示。更高分辨的 STM 照片发现 N - GNRs 具有特殊的反平行排列结构[图 5 - 11(c)]。他们认为这是由于邻近 N - GNRs 的嘧啶基团具有吸引的氢键相互作用(N⋯H)。p - GNRs 具有完全不同的排列行为,即使在很低的覆盖度下也倾向于相互排斥。

图 5 - 11　氮掺杂石墨烯纳米带的制备[6]

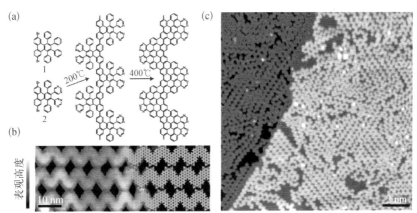

(a)氮掺杂石墨烯纳米带制备过程;(b)Au(111)基底上 N - GNRs 的 STM 照片;(c)小尺寸 STM 照片以及理论模拟石墨烯纳米带构型

　　大部分边缘掺杂的石墨烯纳米带以吡啶环或者吡咯环的形式在石墨烯纳米带的边缘引入(Bronner,2013;Zhang,2014)。在这种构型里面,处于三角平面的单原子的孤对电子并没有参与石墨烯纳米带方向体系的共轭。因此,这种掺杂方式只能通过氮原子的静电作用诱导价带和导带的能量移动,不会对石墨烯纳米带的态密度或者带隙有很显著的影响。

2016 年，Crommie、Fisher 和 Louie 等合作实现了硫原子掺杂宽度为 $N =$ 13 的 armchair 型石墨烯纳米带（S‐13‐AGNRs）。[13] 如图 5‐12 所示，他们采用硫掺杂的分子前驱体 **1** 作为单体，在超高真空体系中将其沉积到 Au(111) 表面。图 5‐12(b) 为前驱体 **1** 的 STM 照片，可以发现分子趋向于聚集成为无规的岛，平均高度为 0.5 nm。在 200℃ 退火实现高分子化，其 STM 照片如图 5‐12(c) 所示，可以看到其表观高度变为 0.43 nm。进一步将其在 400℃ 退火热诱导环化脱氢得到完全共轭的 S‐13‐AGNRs，STM 的测量表明其高度变为 0.23 nm。进一步地，他们采用扫描隧道谱研究了硫掺杂石墨烯纳米带的电子结构。理论和实验都证明 S‐13‐AGNRs 中，S 原子的轨道参与到了碳芳香体系的共轭结构中。

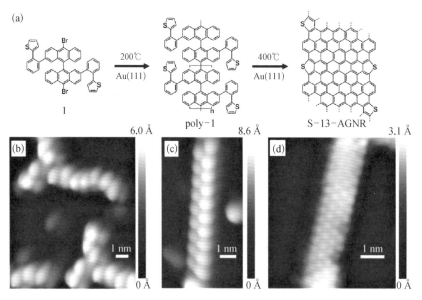

图 5‐12 硫掺杂石墨烯纳米带 S‐13‐AGNR 的合成[13]

（a）合成途径；（b）刚沉积到 Au（111）表面的前驱体 1 的 STM 照片；（c）高分子化的中间体 poly‐1 的 STM 照片；（d）石墨烯纳米带 STM 照片

5.2.4　纳米带异质结的构筑

异质结的构筑可以有效调控石墨烯纳米带的电学性质，因而获得了广泛的研究。已有多种方法被报道用来构筑石墨烯纳米带异质结,比如异质原子掺杂、形成不同宽度的分子内结,以及不同结构的纳米带单元的构筑等。

前面已经指出,通过合理的前驱体设计,可以获得本征石墨烯纳米带和氮掺杂石墨烯纳米带。当石墨烯纳米带内存在 p-GNRs 片段和 n-GNRs 片段的时候,就可以构筑石墨烯纳米带异质结构。2014 年,在前面工作基础上,Fasel 和 Mullen 研究组采用顺次加入前驱体分子的方法构筑了石墨烯纳米带异质结[6],如图 5-13 所示。将图 5-13(a)中前驱体 **1** 和 **2** 交替沉积到 Au(111)沉积表面,保持 200℃,即可得到类似于嵌段聚合物的高分子结构;随后,将温度升高到 420℃进行退火脱氢环化,即可得到 p-n-GNRs 异质结。如图 5-13(b)所示,STM 照片显示得到的石墨烯纳米带为预测的弯曲构型。

图 5-13 p-n-
GNRs 异质结的
制备[6]

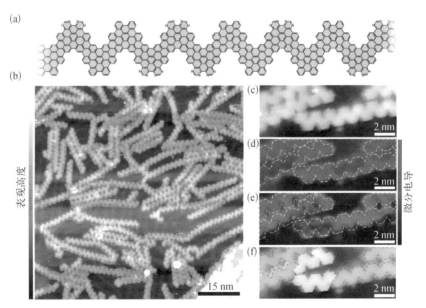

(a) 石墨烯纳米带异质结的化学结构(灰色区域代表 p-GNRs,蓝色区域代表 n-GNRs);(b) p-n-GNRs 异质结大范围 STM 照片;(c) p-n-GNRs 异质结小范围 STM 照片;(d)(e) 不同偏压下相应的微分电导图;(f)(d)和(e)的衬度比图

然而,很难从形貌上辨别石墨烯纳米带异质结的本征片段和掺杂片

段。但是,由于 p‐GNR 和 n‐GNRs 片段具有不同的电子结构,可以通过电学特性测量解释异质结的精确结构信息。他们对图 5‐13(c)所示的异质结构进行了微分电导测量。从不同的偏压下的微分电导图(dI/dV),可以明显看到衬度差异,进而可以分辨两种不同类型的石墨烯纳米带片段。此外,由于只有 n‐GNRs 会产生反平行的组装构型,而 p‐GNRs 倾向于相互排斥,也可以根据纳米带的组装构型来分辨 n‐GNRs 和 p‐GNRs。据此,可以判断图 5‐13(f)中蓝色和灰色边框指示的分别为 n‐GNRs 和 p‐GNRs。

他们进一步对石墨烯纳米带异质结的电学性质进行实验测量。p‐GNRs 和 n‐GNRs 在 Au(111)上具有相似的 2.0 eV 的带隙;然而,n‐GNRs 的导带底(Conduction Band Minimum,CBM)和价带顶(Valence Band Maximum,VBM)都往低能方向移动了 1.1 eV。事实上,本征石墨烯由于与 Au(111)金属的相互作用,其本质是石墨烯被 Au(111)进行了 p 掺杂。由此可见,石墨烯纳米带异质结可以有效调控其电学性质。

就应用的角度而言,实现石墨烯纳米带异质结的批量制备非常重要。作者也使用了云母上溅射的 Au 作为生长衬底制备了石墨烯纳米带异质结,并且实现了石墨烯纳米带异质结向目标衬底的洁净可靠转移。

除了异质原子掺杂,也可以通过改变石墨烯纳米带宽制备出石墨烯纳米带异质结构。2015 年,Crommie 研究组采用两种不同的分子前驱体,采用宽度调制的方法得到了 armchair 石墨烯纳米带异质结。[14] 如图 5‐14(a)所示,他们采用两种宽度不同的分子前驱体 **1** 和 **2**,分别可以获得 $N = 7$ 和 $N = 13$ 的 armchair 石墨烯纳米带。在超高真空体系中,这两种分子前驱体在室温下同时蒸发到 Au(111)表面,然后加热到 470 K 保持 10 min。热诱导两种前驱体分子内 C‐Br 键断裂,产生表面稳定的双自由基中间体。由于前驱体 **1** 和 **2** 具有相同的联蒽分子骨架,它们的双自由基中间体结构是互补的,因此能够拼接成线性高分子;随后,进一步加热到 670 K 保持 10 min,发生环化脱氢反应,线性高分子转化为 7‐13‐GNRs 异质结。

图 5 - 14 7 - 13 - GNRs 异质结的制备[14]

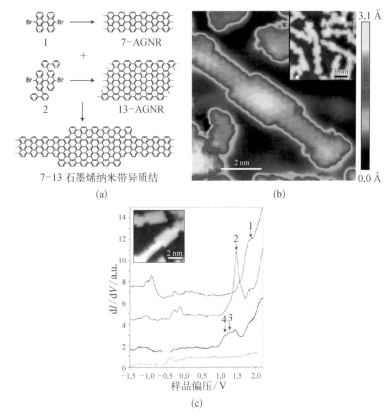

(a) 由前驱体合成纳米带异质结；（b）石墨烯纳米带异质结的高分辨 STM 照片；（c）石墨烯纳米异质结电子结构扫描隧穿 dI/dV 谱

　　将样品冷却到 7 K 进行 STM 表征,如图 5 - 14(b)所示,可见明显的石墨烯纳米带异质结的形成。异质结较窄的片段宽度为 1.3 ± 0.1 nm,表明其由前驱体 **1** 反应得到;较宽的分子片段的宽度为 1.9 ± 0.2 nm,表明其由前驱体 **2** 反应得到。由于反应前驱体在最初的高分子化反应的过程中任意混合,因此得到的异质结具有各种不同的片段组成结构。之后,他们采用扫描隧穿电导谱 dI/dV 研究石墨烯纳米带异质结的电子结构,如图 5 - 14(c)所示。他们将 STM 针尖放置在纳米带不同的位置进行谱学测量,dI/dV 的强度反映了 STM 针尖位置能量相关的局域态密度。在 $N = 7$ 片段记录的特征谱(蓝色线)表明其在 $V_s = 1.86 \pm 0.02$ V 附近存在一个明显的平台,而且在 $V_s = -0.90 \pm 0.02$ V 附近存在一个小峰。与之对比,在 $N = 13$ 的片段记录的特征谱(红色线)表明其在 $V_s = 1.45 \pm 0.02\,V$ 和 $V_s = -0.12 \pm 0.02\,V$ 存在两个峰。在两个不同宽度片段交界的地方出现了一个独特的能态(黑色线)。可见,改变石墨烯纳米带宽构筑异质结也可以调制石墨烯纳米带的电子能带结构。

以上报道的石墨烯纳米带异质结的合成依赖于不同前驱体分子的随机自组装,因此不能实现有序的异质结构,而且制备完成石墨烯纳米带异质结后不能进一步修饰。2017 年,Crommie、Fisher 和 Louie 等合作采用单一分子为前驱体,实现了原子级精确的石墨烯纳米带异质结的合成。[15] 如图 5-15(a)所示,他们选用一种含有芴取代基的分子前驱体 **1** 作为反应单体,通过类似的高分子化、脱氢环化过程得到含有芴取代基的弯曲的石墨烯纳米带。需要注意的是,芴取代基团的存在并没有对石墨烯纳米带的形成过程产生影响。他们采用 CO 修饰的针尖,得到如图 5-15(b)所示的典型的芴取代石墨烯纳米带的 STM 形貌照片。然而,羰基并

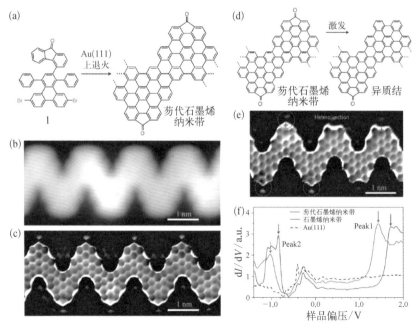

图 5-15 单一前驱体制备石墨烯纳米带异质结[15]

(a)芴取代石墨烯纳米带的制备原理;(b)芴取代石墨烯纳米带的 STM 形貌;(c)芴取代石墨烯纳米带的化学键分辨 STM;(d)石墨烯纳米带异质结的制备过程;(e)石墨烯纳米带异质结的化学键分辨 STM;(f)芴取代部位和本征部位的扫描隧道显微镜 dI/dV 谱

没有在扫描隧道显微镜中分辨出来。为了分辨出羰基基团,并且确证芴取代的石墨烯纳米带的化学结构,他们发展了一种化学键分辨的扫描隧道成像技术(BRSTM),其成像如图 5-15(c)所示,可以明显地区分出羰基基团。

在合成芴取代的石墨烯纳米带的基础上,采用热激发的方式,可以断裂羰基,从而得到带有芴取代基团的石墨烯纳米带片段和消除了羰基的本征石墨烯纳米带片段构成的石墨烯纳米带异质结。典型的退火温度为350℃,退火时间为 1 h。此外,他们发现采用 STM 针尖可以选择性地在特定位置消除羰基基团。图 5-15(e)为石墨烯纳米带异质结的化学键分辨 STM 照片。此外,他们采用扫描隧穿谱研究石墨烯纳米带异质结的电子能带结构,如图 5-15(f)所示,与没有取代的石墨烯纳米带片段相比,芴取代石墨烯纳米带片段的能带边缘移动到了较低能量的位置。

此外,沿着纳米带的长度方向控制异质结的位置和序列对面向实际应用的功能器件而言非常重要。Crommie、Fisher 和 Louie 等合作发展了一种多级的合成策略,实现了石墨烯纳米带单一的异质界面的构筑。[16] 其原理如图 5-16 所示,他们选择了带有两种不同断裂温度的 C-Br 键和 C-I 键、并且分子宽度不同的两种前驱体,以及同时具有 C-Br 键和 C-I 键的中间体,在 Au(111)表面,实现了石墨烯纳米带异质结的构筑。在较低的聚合温度(T_1)下,只有 C-I 键被活化,因此得到中间体终止的高分子链;然后提高温度到 T_2,C-Br 键被活化,得到具有单一异质界面的高分子链;最后,继续升高温度到 T_3,高分子链发生环化脱氢反应,得到具有单一异质结界面的石墨烯纳米带。相关的 STM 成像和扫描隧穿谱进一步证实了该石墨烯纳米带具有单一的异质结构。

虽然学术界已经对石墨烯纳米带的自下而上合成做了大量探索,但该领域还是存在诸多挑战,主要包括:(1)宽度和长度可调的石墨烯纳米带控制,尤其需要发展方法合成 N = 5,6,8,10,11,12 的 armchair 型石墨烯纳米带;(2)控制石墨烯纳米带边缘结构,尤其是制备 zigzag 结构的石墨烯纳米带,并研究和利用其独特的边缘态结构;(3)石墨烯纳米带

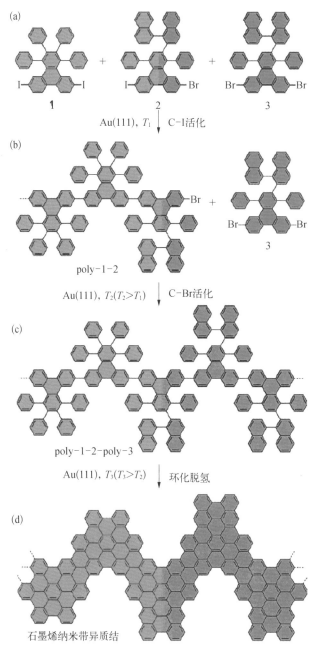

图 5 - 16 石墨烯
纳米带的多级表面
合成策略[16]

（a）分子前驱体；（b）C-I键 T_1 温度选择性活化；（c）C-Br键 T_2 温度选择性活化；
（d） T_3 温度环化脱氢得到石墨烯纳米带异质结

异质原子的选择掺杂技术,尤其是 N,B,S 等杂元素;(4)石墨烯纳米带异质结的构筑;(5)在石墨烯纳米带侧边或者两端引入功能官能团,用以增强纳米带和基底表面或者电极的亲和性。

5.2.5 石墨烯纳米带一维拓扑绝缘体

拓扑绝缘体具有独特的能带结构,其体相是绝缘的,而在带隙中存在狄拉克锥形的表面态。大部分的拓扑绝缘体的研究集中于三维或者二维拓扑绝缘体。有理论计算表明,石墨烯纳米带中存在一维对称性保护的拓扑相(Cao,2017)。2018 年,加州大学伯克利分校和瑞士联邦材料科学与技术实验室的两个研究组同时报道了石墨烯纳米带中观察到的一维拓扑相。[17,18]加州大学伯克利分校的 Fischer 研究组合成了由拓扑平凡的 7 - AGNR 和拓扑非平凡的 9 - AGNR 研究纳米带长度方向交替排列的石墨烯纳米带,通过仔细地控制 7/9 - AGNR 超晶格的终止,确保纳米带超晶格整体的拓扑相是非平凡的。实现结构明确的、周期性的拓扑界面态的关键是分子前驱体的设计要选择性地链接 7 - AGNR 和 9 - AGNR,为此,他们设计了如图 5 - 17 所示的分子前驱体,其结构不对称性导致立体选择性的高分子化表面合成过程,从而实现了 7/9 - AGNR 的合成。

5.3 石墨烯纳米片合成技术

横向尺寸在 1 ~ 5 nm 的石墨烯分子可被称为纳米石墨烯(nanographene)。目前,最大的合成的单分散纳米石墨烯包含 222 个碳原子,其直径约为3.2 nm。一些典型的纳米石墨烯化学结构如图 5 - 18 所示。与石墨烯类似,未取代的纳米石墨烯分子在常规的有机溶剂里溶解度很低,难以通过溶液过程制备功能器件。另一方面,强的分子间 π-π 相互作用也使得这些分子的挥发温度高于其热裂解温度,因此也难以通

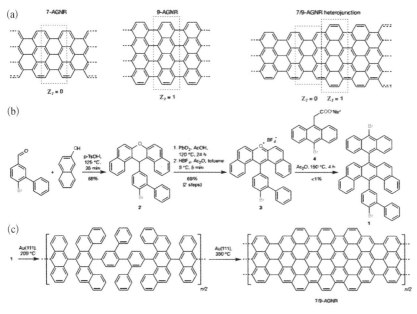

图 5 - 17 7/9 - AGNR 石墨烯纳米带超晶格的合成[18]

（a）拓扑平凡的 7 - AGNR、拓扑非平凡的 9 - AGNR 以及 7/9 - AGNR 异质结超晶格；（b）前驱体的合成过程；（c）表面辅助的前驱体合成 7/9 - AGNR 过程

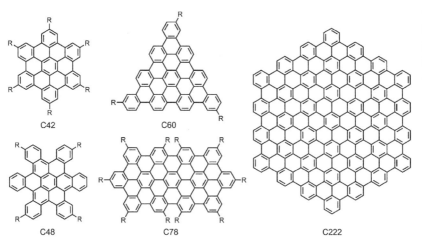

C42 C60

C48 C78 C222

图 5 - 18 典型的纳米石墨烯化学结构

过热蒸发的方式将纳米石墨烯分子覆盖到目标衬底上。因此提高石墨烯纳米片的可加工性对于其应用非常关键。

通常而言，各种形状和尺寸的树枝状的低聚苯前驱体结构可以通过 Diels - Alder 反应或者乙炔成环反应获得。进一步地，采用路易斯氧化剂和路易斯酸使得发生分子内脱氢环化和平面化，可以得到不同分子尺寸、对称性、边缘结构的石墨烯分子。例如,C60 为三角形结构,C78 为带状结构。

事实上,在石墨烯得到广泛关注之前,有人便以多苯基化合物作为前驱体,在金属表面合成平面状多环芳烃(planar Polyaromatic Hydrocarbons,PAHs)(Beernink,2001;Weiss,1999)。2011 年,Fasel 研究组仔细研究了非平面的聚苯前驱体在 Cu(111)表面热激发环化脱氢形成石墨烯纳米片的过程。[19]如图 5-19(a)所示,用过氧化氢异丙苯(CHP)分子作为反应前驱体进行热激发环化脱氢反应,在 Cu(111)金属表面进行反应。STM表征表明,室温沉积到 Cu(111)表面的 CHP 分子自组装成为密堆积相和线状的超分子结构[图 5-19(b)]。将样品在 470 K 退火数分钟,STM 观察到一些新的超结构和吸附物构型[图 5-19(c)]。稍微提高退火温度,并延长退火时间,所有的 CHP 前驱体都转化成为平面状的 TBC 结构[图5-19(d)]。基于 STM 观测和密度泛函理论计算,他们提出了环化脱氢的反应途径。该反应历经五个中间体过渡后得到完全平面化的石墨烯纳米片。在这些反应中间体中,由于 Cu(111)基底的限制,只有两种反应中

图 5-19 Cu(111)基底上脱氢环化制备石墨烯纳米片[19]

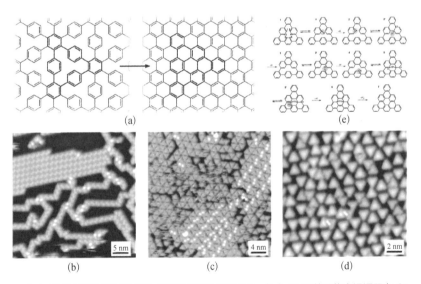

(a) CHP 前驱体脱氢环化形成纳米石墨烯片的示意;(b) CHP 前驱体室温沉积在 Cu(111)表面的自组装结构 STM 照片;(c) CHP 前驱体在 450K 温度下退火后 CHP 前驱体、中间体和最终产物共存的 STM 照片;(d) 样品在 470K 温度下退火后形成三角形石墨烯纳米片;(e) 基于 STM 和理论模拟得到的 CHP 前驱体分子到石墨烯纳米片的反应途径

间体能稳定存在。金属表面脱氢环化的温度远远低于闪式真空热解
(Flash Vacuum Pyrolysis)的反应条件,这可以归因于 Cu(111)金属基底
的催化活化作用,以及分子和基底的范德瓦耳斯相互作用(van der Waals
Interactions),增加了分子内的应力并削弱了碳氢键。模拟显示,这种脱
氢环化反应不仅可以在金属表面发生,也可以在其他基底,包括惰性的半
导体表面进行。

　　2015 年,Fischer 和 Crommie 研究组合作合成了周环并五苯。[20]如图
5-20 所示,n 元周环并苯(n-periacene,**1**)结构由两个线性的并苯融合
而成。周环并苯结构具有一对平行的 zigzag 边和氢原子终止的 armchair
端。理论预测表明,随着 n 元周环并苯的长度延长,其HOMO-LUMO
的带隙会持续减小,并且会产生反铁磁性。他们采用 6,6-环并五苯
(6,6'-bipentacene,**3**)作为反应前驱体,合成了周环并五苯结构
(peripentacene,**2**)。超高真空体系中,将前驱体 **3** 在 260℃ 升华到 Au
(111)基底表面。7 K 温度下的 STM 照片表明,在 Au(111)表面沉积的前

图 5-20　合成并
五苯[20]

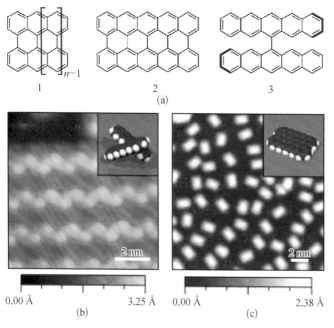

（a）n-periacene, peripentacene 和 6,6'-bipentacene 的化学结构；（b）沉积在 Au
（111）上的前驱体分子的 STM 照片；（c）473 K 退火 30 min 后的 STM 照片

驱体 **3** 自发组装成为高度有序的线性链状结构[图 5 - 20(b)]。与金基底相比,自组装分子沿着线长方向的平均表观高度为 2.6±0.1 Å,这是由于前驱体 **3** 分子在金基底表面采取了某种特定的角度吸附。将在 Au(111)表面组装的前驱体 **3** 在 200℃ 退火 30 min,以诱导热脱氢环化,形成完全环化的周环并五苯结构。对其进行 STM 成像,如图 5 - 20(c)所示,可见退火后形成均一离散的矩形结构,其表观长度、宽度和高度分别为 1.75±0.04 nm,1.25±0.04 nm,0.21±0.01 nm。该制备方法具有非常良好的选择性,只有少于 5% 的吸附分子与预测的规则矩形结构偏离。

参考文献

[1] Shifrina Z B, Averina M S, Rusanov A L, et al. Branched polyphenylenes by repetitive Diels-Alder cycloaddition[J]. Macromolecules, 2000, 33 (10): 3525 - 3529.

[2] Yang X Y, Dou X, Rouhanipour A, et al. Two-dimensional graphene nanoribbons[J]. Journal of the American Chemical Society, 2008, 130 (13): 4216 - 4217.

[3] Schwab M G, Narita A, Hernandez Y, et al. Structurally defined graphene nanoribbons with high lateral extension[J]. Journal of the American Chemical Society, 2012, 134(44): 18169 - 18172.

[4] Narita A, Feng X L, Hernandez Y, et al. Synthesis of structurally well-defined and liquid-phase-processable graphene nanoribbons[J]. Nature Chemistry, 2014, 6(2): 126 - 132.

[5] Cai J M, Ruffieux P, Jaafar R, et al. Atomically precise bottom-up fabrication of graphene nanoribbons[J]. Nature, 2010, 466 (7305): 470 - 473.

[6] Cai J M, Pignedoli C A, Talirz L, et al. Graphene nanoribbon heterojunctions[J]. Nature Nanotechnology, 2014, 9(11): 896 - 900.

[7] Wu J S, Gherghel L, Watson M D, et al. From branched polyphenylenes to graphite ribbons[J]. Macromolecules, 2003, 36(19): 7082 - 7089.

[8] Narita A, Feng X L, Mullen K. Bottom-up synthesis of chemically precise graphene nanoribbons[J]. Chemical Record, 2015, 15(1): 295 - 309.

[9] Ruffieux P, Wang S Y, Yang B, et al. On-surface synthesis of graphene

nanoribbons with zigzag edge topology[J]. Nature, 2016, 531 (7595):
489 - 492.

[10] Chen Y C, De Oteyza D G, Pedramrazi Z, et al. Tuning the band gap of
graphene nanoribbons synthesized from molecular precursors[J]. ACS
Nano, 2013, 7(7): 6123 - 6128.

[11] Talirz L, Sode H, Dumslaff T, et al. On-surface synthesis and
characterization of 9-atom wide armchair graphene nanoribbons[J]. ACS
Nano, 2017, 11(2): 1380 - 1388.

[12] Kimouche A, Ervasti M M, Drost R, et al. Ultra-narrow metallic
armchair graphene nanoribbons [J]. Nature Communications, 2015,
6: 10177.

[13] Nguyen G D, Tom F M, Cao T, et al. Bottom-up synthesis of N = 13
sulfur-doped graphene nanoribbons[J]. Journal of Physical Chemistry C,
2016, 120(5): 2684 - 2687.

[14] Chen Y C, Cao T, Chen C, et al. Molecular bandgap engineering of
bottom-up synthesized graphene nanoribbon heterojunctions[J]. Nature
Nanotechnology, 2015, 10(2): 156 - 160.

[15] Nguyen G D, Tsai H Z, Omrani A A, et al. Atomically precise graphene
nanoribbon heterojunctions from a single molecular precursor[J]. Nature
Nanotechnology, 2017, 12(11): 1077 - 1082.

[16] Bronner C, Durr R A, Rizzo D J, et al. Hierarchical on-surface synthesis
of graphene nanoribbon heterojunctions[J]. ACS Nano, 2018, 12 (3):
2193 - 2200.

[17] Rizzo D J, Veber G, Cao T, et al. Topological band engineering of
graphene nanoribbons[J]. Nature, 2018, 560(7717): 204 - 208.

[18] Groning O, Wang S Y, Yao X L, et al. Engineering of robust topological
quantum phases in graphene nanoribbons[J]. Nature, 2018, 560(7717):
209 - 213.

[19] Treier M, Pignedoli C A, Laino T, et al. Surface-assisted
cyclodehydrogenation provides a synthetic route towards easily processable
and chemically tailored nanographenes[J]. Nature Chemistry, 2011, 3
(1): 61 - 67.

[20] Rogers C, Chen C, Pedramrazi Z, et al. Closing the nanographene gap:
surface-assisted synthesis of peripentacene from 6, 6' - bipentacene
precursors[J]. Angewandte Chemie, 2015, 54(50): 15143 - 15146.

第 6 章

石墨烯的其他制备
技术

6.1 偏析生长技术

合金中各组成元素在结晶时分布不均匀的现象叫作偏析。大多数金属的体相中往往会含有少量的硼、氮、碳等元素,在外界作用下会发生某种组分向自由表面或界面富集的偏析现象。偏析生长技术生长石墨烯,通常情况下可以直接利用金属体相中溶解的碳进行石墨烯的生长,也可以通过引入碳源来进行石墨烯的偏析生长。化学气相沉积(CVD)是制备石墨烯的重要方法,由于 CVD 方法通常使用金属催化剂基底,因此在 CVD 制备石墨烯的过程中偏析现象普遍存在。

6.1.1 石墨烯偏析现象的发现

大多数金属,如镍、铂、钌等,都对碳有一定的溶解度。在退火降温的过程中,金属体相中的碳会向晶面或表面偏析富集,从而形成石墨烯或少层石墨。

1974 年,康奈尔大学的 Shelton 等第一次研究了碳在 Ni(111) 表面的偏析过程。借助于俄歇电子能谱(AES)和低能电子衍射(LEED)等表征手段,他们发现从高温到低温的降温过程中,碳在 Ni(111)表面的偏析经过了 3 种平衡态:体相中离散的碳(A)、凝聚后的单层石墨烯(B)、偏析后的多层石墨(G)。其中在降温过程中出现的单层石墨烯 B 是一种新的平衡偏析态。如图 6-1 所示,通过热力学分析,Ni(111)表面偏析得到的单层石墨烯中的碳要比多层石墨中的碳的能量低 0.05 eV,说明这种平衡偏析态是与石墨不同的存在。

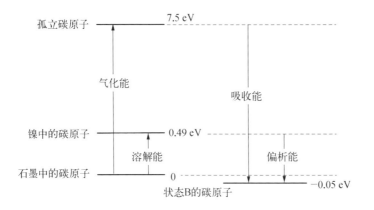

图6-1 碳在不同
状态下的原子能级

6.1.2 单晶金属体系中的偏析生长技术

对碳有一定溶解度的单晶金属是用来偏析生长石墨烯的最佳基底。在高真空环境下,通过对各种含有痕量碳的单晶金属进行退火,可以在单晶金属表面偏析得到石墨烯。

2008年,美国Brookhaven国家实验室的Sutter等研究了石墨烯在Ru(0001)单晶表面上的偏析过程。他们利用不同温度下碳在金属体相中溶解度的不同来控制石墨烯的偏析过程。高温下碳溶解进入Ru的体相,在温度从1150℃降低到825℃的过程中,由于Ru中碳的溶解度降低,碳从体相中偏析到表面,形成略大于$100\mu m$的单层石墨烯,呈现形似透镜的孤岛状形貌。另外他们发现,偏析形成的石墨烯与金属基底间的相互作用力比较强,这种强的相互作用力导致偏析出的石墨烯具有独特的生长行为。借助低能电子显微镜(LEEM)原位观察石墨烯的偏析过程,如图6-2所示,石墨烯沿平行于基底台阶方向迅速扩展,并跨越台阶沿下坡方向扩展,而沿上坡方向的生长几乎被完全抑制。除此之外,沿下坡方向生长的石墨烯片受到基底的阻力较小,可以在台阶上地毯式地生长,这种生长行为导致石墨烯的尺寸可以超过百微米,远大于金属单晶台阶间隔。

大连化物所的包信和课题组进一步研究了多层石墨烯的偏析过程,

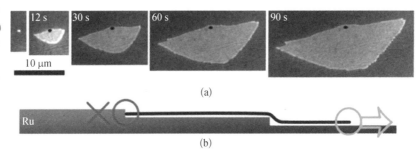

图6-2 Ru（0001）
单晶表面石墨烯的
偏析生长

（a）原位观察石墨烯在 Ru（0001）单晶表面上的偏析过程；（b）偏析生长机理示意

他们发现石墨烯的偏析及其溶解过程均是以逐层偏析或溶解的方式进行的（Cui，2010）。首先通过 Ar^+ 离子不断溅射，在氧气中退火以及在高真空的氛围下加热来除去 Ru 中残留的碳，接着以乙烯作为碳源，在 1 000℃ 下退火来获得体相中碳原子均一分布的 Ru(0001) 单晶。他们通过对温度的调节发现，当温度较低时，碳从体相中偏析出来生成石墨烯，而在高温下碳原子又重新溶解在体相中。当温度为 780℃ 时，首先形成的是完整的单层石墨烯的薄膜，接着才会偏析出现第二层石墨烯，在第二层石墨烯几乎覆盖满时第三层石墨烯开始出现。将温度升高到 980℃，首先是第三层石墨烯消失，在第二层石墨烯全部溶解后，第一层石墨烯才会开始溶解。

除了气态碳源，固态碳源同样可以用于石墨烯的偏析生长。日本国立材料科学研究所的 Xu 等发展了在 Ni 多晶薄膜上生长单层石墨烯的方法。以往的方法是直接利用金属 Ni 中溶解的碳来生长石墨烯，由于镍本身对碳的溶解度很高，高浓度的碳容易在镍表面偏析得到厚层石墨，难以得到单层的石墨烯薄膜，所以这里以不含碳的金属镍为基底，通过引入额外的固态碳源来制备单层石墨烯。首先通过电子束蒸镀的方法在高定向热解石墨（HOPG）的（0001）晶面上外延生长一层 Ni 的（111）晶面的薄膜，在高真空的条件下，将 Ni/HOPG 在高温下退火，随后进行程序降温，通过控制退火温度、退火时间以及降温时间、降温速度来控制碳原子在 Ni 薄膜中的扩散，从而调控制备的石墨烯薄膜的层数以及结构，石墨烯的生长过程如图 6-3（a）所示。实验结果发现，当在 650℃ 退火 18 h，随后以

30℃/min 的速度控制降温,可以在 Ni 薄膜上得到单层石墨烯,相关光学、原子力显微镜(AFM)和扫描隧道显微镜(STM)的表征结果也证明了得到的石墨烯为单层结构[图 6-3(b)~(d)]。这种方法展示出了如何在高溶碳量的金属表面制备单层石墨烯薄膜,为石墨烯的生长调控提供了新的思路。

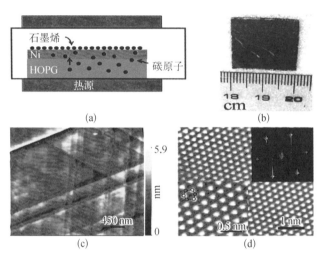

图 6-3　石墨烯在 Ni/HOPG 上的偏析生长

（a）石墨烯在 Ni/HOPG 上的偏析生长过程示意;（b）~（d）偏析得到的石墨烯的光学、AFM 和 STM 表征结果

6.1.3　非单晶金属中的偏析生长技术

　　前面介绍的偏析生长技术均是基于特殊晶面的金属单晶,然而实际上,单晶金属一方面制备工艺复杂,成本昂贵,另一方面大面积批量化制备存在技术壁垒,较难实现,这就限制了单晶金属基底上石墨烯的规模化制备,因此发展非单晶金属上的石墨烯偏析生长技术是十分必要的。

　　北京大学的刘忠范课题组发展了在 Ni、Co 多晶金属以及 Cu-Ni 合金上偏析生长石墨烯的方法,并成功制备了 4 英寸的石墨烯晶圆。研究发现,通过调整铜镍合金中两种金属的含量比,可以对所得石墨烯的层数加以调控。首先通过电子束沉积的方法,以商业化的金属镍为源,在

SiO_2/Si 基底上蒸镀得到含碳量约为 2.6%（原子百分比）的多晶镍薄膜。在 1 100℃ 的高温下长时间退火后缓慢降温至室温。不同于前文所述 Ru 基底与偏析得到的石墨烯之间有较强的相互作用力，这种方法偏析得到的石墨烯与 Ni 基底作用力较弱，可以通过纳米压印转移的方法将石墨烯从基底上剥离开来，继而转移到其他基底上。石墨烯的偏析机理及相关表征数据如图 6-4 所示。与单晶金属偏析生长石墨烯的步骤类似，石墨烯在多晶金属镍薄膜上的生长过程经历了以下步骤：（1）高温时碳原子在金属体相中的扩散；（2）降温过程中碳原子从体相中偏析到金属表面；（3）碳原子在金属表面迁移；（4）石墨烯的成核与长大。

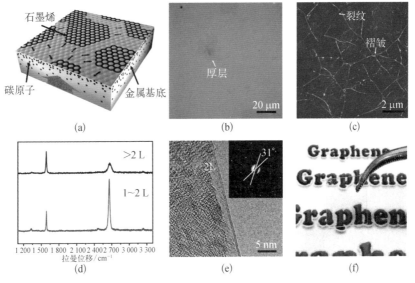

图 6-4 石墨烯在合金上的偏析生长

（a）石墨烯的偏析生长过程示意；（b）~（e）偏析得到的石墨烯的光学、AFM、拉曼、TEM 表征结果；（f）转移到石英基底上的石墨烯薄膜的照片

基于类似的生长机理，实验结果进一步发现，石墨烯可以在金属 Co、Fe 以及铜镍合金上进行偏析生长。而金属铜由于对碳的溶解度低，不适用于石墨烯的偏析生长，但可以利用铜的这一性质，通过调节铜镍合金中铜的含量来控制石墨烯的偏析行为和生长层数。当铜镍合金中镍的含量为 5.5% 时，可以获得均一的单层石墨烯。进一步设计 $Cu/Ni/SiO_2/Si$ 这

种结构的基底实现层数的控制,采取这一策略可以获得单层以及双层石墨烯。

这种以多晶金属为基底的偏析生长技术解决了单晶金属造价昂贵、制备困难的问题,并且通过合金的方法更容易实现石墨烯层数的控制,对偏析生长石墨烯技术具有重要意义。

6.1.4 偏析生长技术中石墨烯的掺杂调控

利用共偏析生长方法,通过在石墨烯偏析生长的基底中引入其他元素,可以实现对石墨烯的掺杂调控。北京大学的刘忠范课题组将碳源和氮源同时引入金属体相中,利用共偏析技术制备得到氮掺杂的石墨烯。如图 6-5 所示,通过电子束沉积的方法在 SiO_2/Si 基底上蒸镀得到 $Ni(C)/B(N)/SiO_2/Si$ 这种三明治结构,其中硼中含有痕量的氮元素,可以作为偏析过程中的氮源。在退火过程中,碳原子与氮原子同时向镍表面扩散,从而偏析生长得到氮掺杂的石墨烯。X 射线光电子能谱(XPS)表征结果进一步证明得到的掺杂石墨烯中不含硼元素,氮原子以吡啶氮、吡咯氮和石墨氮这三种方式进行掺杂。通过观察转移到 SiO_2/Si 基底上的

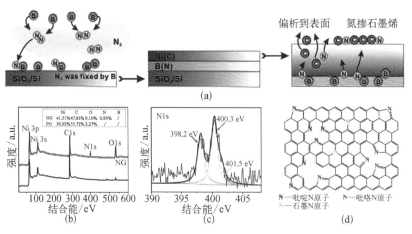

图6-5 共偏析法生长氮掺石墨烯的过程及机理

（a）共偏析法生长氮掺杂石墨烯示意;（b）XPS 总谱表征结果;（c）XPS N1s 单谱表征结果;（d）氮掺杂石墨烯中的吡啶氮、吡咯氮和石墨氮结构

石墨烯薄膜,可以发现得到的掺杂石墨烯均匀度在 90%以上。基于以上方法,通过控制碳源与氮源的元素含量比,即控制镍层与硼层的厚度比,可以获得掺杂含量从 0.3%到 2.9%的氮掺石墨烯。通过选择合适的掩模来控制硼源的位置,可以实现氮元素的选区掺杂,这对构筑各种石墨烯电极或电子器件(如石墨烯 p‐n 结)来说具有重要意义。

6.2 电弧放电技术

在前文所述的石墨烯制备技术中,机械剥离技术制备的石墨烯质量高但产量较低,难以实现规模化制备。化学气相沉积技术制备的石墨烯质量较高,具有一定的规模化前景,但是工艺复杂、设备要求较高,且石墨烯多生长在金属基底上,后续的转移过程仍存在挑战。化学剥离石墨被认为是大规模制备石墨烯的有效方法,然而通过这种方法获得的石墨烯由于在合成过程中引入的含氧官能团无法完全去除,石墨烯缺陷较多,质量较差,阻碍了其进一步的应用,特别是在导电薄膜材料以及电子学器件等对石墨烯性质要求较高的领域尚不适用。

电弧放电法已被广泛用于制备富勒烯和碳纳米管。与化学气相沉积法相比,由于高温等离子体的原位缺陷修复效应和氢气对无定形碳的刻蚀作用,通过电弧放电方法合成的碳纳米管具有良好的结晶性和热稳定性,因此电弧放电法在制备高质量碳材料方面具有一定的优势。

6.2.1 电弧放电制备的基本原理

电弧放电技术制备石墨烯的原理,是利用电弧放电产生的高温,将石墨中的碳原子蒸发,然后再重组成二维的石墨烯结构。石墨烯的形成过程主要分为三个阶段:(1)石墨在电弧中心区域气化;(2)碳簇在靠近电弧中心区域结合;(3)产物在电弧中心区域成核、长大,最后拼接形成石墨烯。电弧放电的特点是放电电压低、放电电流大。在充有一定气氛的密闭腔体中,以石墨作为阳极和阴极,施加电场使气体发生电离。在这个过程中,阴极的石墨电极不断被蒸发消耗,同时在腔体内壁不断形成石墨烯层。

在电弧放电过程中,温度可以瞬间升高到 2 000℃以上,这极大地提高了生产效率,具有耗时短、产量大的优势,并且由于高温等离子体的原位缺陷修复效应,通过这样的方法制备的石墨烯结晶性好、质量较高,具有良好的导电性和热稳定性。另外,这种物理法的电弧放电法技术过程简单,容易放大,可以通过程序设计实现填料、抽气、放电到收集的自动化完成,有望实现规模化制备。此外,在电弧放电制备石墨烯的过程中,不会引入杂质对石墨烯造成污染,因此获得的石墨烯纯度较高。

6.2.2 不同气氛对石墨烯制备的影响

在电弧放电的过程中,采用的放电气氛对制备得到石墨烯的质量和产量有很大影响。文献报道结果表明以氩气、氦气、氢气和二氧化碳等为放电气氛,均可以制备得到石墨烯;若在放电气氛中加入氮源或者硼源如氨气等,还可以实现掺杂石墨烯的制备。

氩气、氦气等惰性气体主要通过调节压强来影响石墨烯的制备。Kumar 等研究了氩气的压强对电弧放电法制备石墨烯的影响。他们发现,当压强低于 500 Torr 时,压强增大,石墨烯层数减少;而当压强高于 500 Torr 时,压强增大会引起石墨烯层数增多;因此当压强为 500 Torr 时,最有利于少层石墨烯的形成,此时石墨烯层数约为 4 层,并且在这个条件下形成的石墨烯质量最好,热稳定性最高。XPS 结果表明此时石墨烯的含碳量为 87.44%,其余为含氧官能团中所含的氧;拉曼结果同样表明此时获得的石墨烯 D 峰低,缺陷少。

氢气对电弧放电技术制备石墨烯是极其重要的。一方面,氢气的存

　　　　　　　　　　　　　　　　　　　石墨烯制备技术

在防止石墨烯片层卷曲,抑制了其他结构的生成;另一方面,氢气对无定形碳的刻蚀作用使石墨烯的质量得以提高。中国科学院金属研究所的成会明课题组首次报道了通过电弧放电的方法合成石墨烯。他们通过氢气气氛电弧放电的方法,以氧化石墨(GO)为原料,制备得到高导电性和高热稳定性的石墨烯。电弧放电过程中的瞬时高温,可诱导氧化石墨的高效剥离以及脱氧还原,并且对所得剥离石墨(EG)进行缺陷消除从而提高其结晶质量。他们以氧化石墨为原料,通过氢气电弧放电,结合溶液相分散和离心技术,得到高质量的石墨烯片,其形貌如图6-6所示,从图中可以看出,GO被有效剥离为石墨烯的薄片,呈蠕虫状结构。其电导率高达 2×10^3 S·cm^{-1},并且热稳定性高,耐氧化温度高达601℃,明显优于氩气电弧放电剥离法(约 2×10^2 S·cm^{-1},525℃)和常规热剥离法(约 80 S·cm^{-1},507℃)。

图6-6 通过氢气电弧放电技术得到的石墨烯片的 SEM 照片

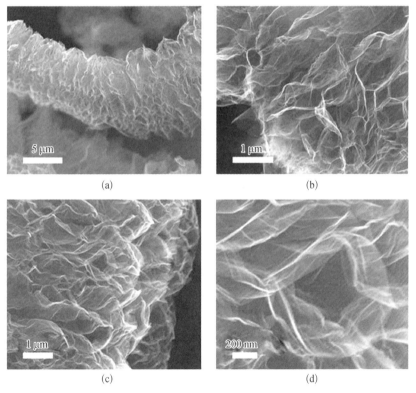

(a)

(b)

(c)

(d)

(a)石墨烯片的蠕虫状结构;(b)~(d)不同位置、不同放大倍数下的石墨烯片扫描电镜照片

为了进一步研究氢气对电弧放电得到的石墨烯的影响，Subrahmanyam 等通过调节氢气分压来研究氢气的影响。他们以氢气和氩气的混合气作为放电气氛，发现经过电弧放电后，腔体内壁上可以获得均一的 2～4 层的石墨烯片，而在阳极附近则同时发现了多壁碳纳米管、洋葱碳等碳材料。实验结果表明只有当电流大于 100 A、电压大于 50 V、氢气分压大于 200 Torr 时，在氢气氛围下电弧放电才会发生，并且随着氢气分压的降低，杂质的含量升高。此外，通过在放电气氛中引入氮源或者硼源，可以进一步获得掺杂石墨烯片。例如，以乙硼烷作为硼源可获得硼掺石墨烯，以吡啶为氮源可获得氮掺石墨烯。这为掺杂石墨烯的制备提供了新思路。

之后的研究中，Li 等以氨气作为氮源、氦气作为缓冲气，获得了层数为 2～6 层、大小约百纳米的氮掺石墨烯（Li，2010）。相比于以吡啶为氮源获得氮掺石墨烯的方法，这种方法无须引入额外的氮源，掺杂的氮的量更易于调控。氨气一方面可以提供氮源，另一方面在放电的过程中可以产生氢气，也抑制了碳纳米管、富勒烯等的形成。

南开大学的陈永胜课题组进一步探索了二氧化碳作为放电气氛的石墨烯生长结果（Wu，2010）。与氢气及氦气作为气源相比，二氧化碳在安全性以及成本上都有明显优势。虽然这种方法所得石墨烯存在更多的缺陷以及含氧基团，但由于其可以在有机溶剂中实现良好分散，从而促进基于石墨烯溶液的导电薄膜、器件的应用。

6.2.3 催化剂对石墨烯制备的影响

上节所述均为无催化剂条件下电弧放电的实验结果，催化剂的引入可以提高石墨烯的质量和产量。中国科学院化学研究所刘云圻课题组以 ZnO 或 ZnS 作为催化剂，制备出了产量可观、大小数十微米的石墨烯片。实验结果表明，石墨烯片会优先在 ZnO 颗粒表面生成，同时 ZnO 的存在抑制了片层的卷曲。这种方法获得的石墨烯为 2～6 层。除此以外，他们还发现以铜粉为催化剂可以进一步提高石墨烯的质量,石墨烯的层数更少;以碳化硅作为碳源可以在阳极获得 1～3 层的石墨烯;以三聚氰胺作为氮源可以获得氮掺石墨烯。

6.2.4 电弧放电技术制备石墨烯的装备

如图 6-7 所示,电弧放电炉是通过电弧放电技术制备石墨烯的装备,通常由以下几个部分组成:石墨棒电极、反应腔体、放电设备、冷却系统、推进器、工作台、显示和控制系统以及气路系统。利用这种电弧放电炉可以实现高质量石墨烯的快速、大量、无污染制备。但实际制备过程通常存在如下几个问题:(1)在制备过程中,石墨棒会逐渐消耗缩小,导致电流、电压变动,从而影响产品的产量和均匀性;(2)制备过程需要通入

图 6-7 电弧放电技术制备石墨烯的装备

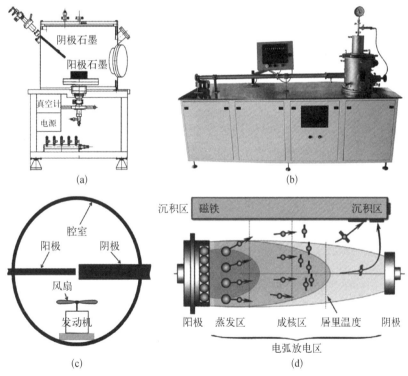

(a)电弧放电炉原理;(b)电弧放电炉实物;(c)电机风扇实现快速冷却示意;(d)外加磁场进行调控示意

惰性气体作为保护气体,但惰性气体导电性差,因此电弧放电需要较高的电流,能耗较高,且对设备工作的环境要求较高,具有一定的危险性;(3)电弧放电技术得到的石墨烯产品一般畴区较小,层数较多,可控性仍然需要提升。

针对以上问题,目前在生长参数和设备研发上都有一定的改进。比如在生长气氛中通入更多导电性好的氢气,可以明显降低电弧放电的电流,同时可以提升石墨烯产品的质量。在设备研发方面,一般选用加长型高纯石墨棒作为电极,并结合电阻反馈调节来维持电流和电压的稳定。同时,人们也尝试通过额外的装备配件调节石墨烯的生长质量。比如在体系中加入电机风扇来进行快速冷却[图6-7(c)],一方面可以降低电弧中心的压力,使碳蒸气难以达到临界过饱和状态,从而促进石墨烯的成核;另一方面可以增加温度梯度,有利于制备层数较少的石墨烯。除此之外,由于电弧放电过程中存在大量的等离子体,人们也尝试通过磁场进行调控,如图6-7(d)所示通过在电弧放电区域施加外加磁场,一方面可以约束等离子体边界,阻止等离子体扩散;另一方面可以增加等离子体的电子通量,加速石墨烯的沉积,减少碳物种的滞留时间,从而减少石墨烯的层数,提高石墨烯的产率。

电弧放电技术可以更快速、容易地制备高质量石墨烯,虽然获得的石墨烯的层数及形貌相对不可控,但这一技术对于实现石墨烯的量产以及高质量石墨烯的规模化制备十分重要。目前这一技术的研究相对较少,有待进一步开发。

6.3 微波制备技术

6.3.1 微波作用机理与制备技术

微波通常是指波长在0.1 mm~1 m的电磁波,相应频率范围是300 MHz~3 000 GHz。微波作为一种能量形式,可以在介质中传递和转化。微波与介质的作用机制有两种：极化机制和离子传导机制。前者是由于在微波场中，极性分子的取向变化要滞后于电场的变化，因此会产生扭曲效应而将电磁能转化为内能。后者是介质分子在微波电场的振荡作用下，两极分子旋转、移动时发生碰撞摩擦，将电磁能转化为内能。早期的研究结果表明微波作为一种能量供给可以用于提高化学反应速率。此后，随着对微波特性进一步的了解和深入，微波法开始进入材料制备领域。

微波法制备石墨烯的主要思路有两种。第一种思路是根据物质种类及其介电性质的不同，微波作用的能量也不同，来通过微波选择性作用于氧化石墨烯上的功能基团，从而实现还原剥离石墨烯。代表性工作是Manish Chhowalla 等于 2016 年在 *Science* 上报道的通过微波法制备高质量石墨烯（Voiry，2016）。他们利用改进的 Hummers 方法得到氧化石墨，将其在水溶液中溶解、分散得到多层氧化石墨烯片，之后将其置于铜片上放入微波炉中，由于氧化石墨烯上的含氧官能团可以有效吸收微波的能量发生热解和脱附反应，从而得到高质量的还原石墨烯，其相关实验表征结果如图 6-8 所示。

第二种思路是利用微波等离子体技术制备石墨烯。微波通过激发气体分子电离来产生等离子体。相比于其他激发方式产生的等离子体如直流放电等离子体和高频放电等离子体，微波等离子体具有许多优点。首先，由于微波波长较长，具有很好的穿透性，所以放电室中无须内部电极，避免了电极高温分解产生的污染，可以获得较为纯净的等离子体。其次，微波等离子体的发射光谱谱带较宽，产生的自由基寿命较长，即使在辉光下游区域也存在较多的如激发态分子的化学活性物种。最后，相比于射频等离子体的电子温度（1～2 eV），微波等离子体的电子温度更高（5～10 eV）。综上所述，由于微波等离子体具有较高的反应活性，因此可以通过微波等离子体与碳源分子碰撞反应，促进碳源裂解而制备石墨烯。

微波等离子体技术制备石墨烯主要分为两类。第一类是在基底上进行的微波等离子体化学气相沉积（MPCVD）技术。在 CVD 反应腔室，微波激发出等离子体后，会在等离子体和基底之间形成表面波，这期间等离

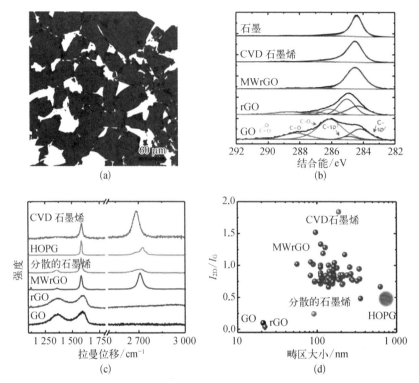

图 6-8 微波法制
备还原氧化石墨烯
的表征结果

（a）硅片上单层氧化石墨烯的 SEM 照片；（b）XPS 分析；（c）拉曼结果表征；（d）拉
曼峰强度 I_{2D}/I_G 比值与畴区尺寸的关系

子体活性较高，密度较高，可以充分促进碳源裂解，从而显著降低石墨烯
的生长温度（Kim，2011）。除了低温生长外，MPCVD 还具有可以在绝缘
体、半导体和金属等不同基底材料上制备石墨烯，且制备的石墨烯面积
大、效率高、容易掺杂等多个优点。由于其原理类似于前文提到的等离子
体增强化学气相沉积（PECVD）技术，故此处不作过多介绍。第二类是无
基底的微波气相合成技术，即不依赖基底条件和表面反应过程，直接在气
相中制备石墨烯，本节将主要介绍这一制备技术。

6.3.2　微波法无基底气相合成石墨烯

加州大学伯克利分校的 Dato 等在 *Nano Letters* 上报道了一种利用

微波等离子体在气相中直接制备石墨烯的方法。如图6-9所示,他们利用 2.45 GHz 的微波等离子体反应器,不需要放入铜箔或硅片等常用的金属或半导体基底,在常压条件下直接将乙醇液滴和氩气形成的气溶胶送入反应体系,反应后可以在气相中得到固态石墨烯产物。透射电子显微镜(TEM)的表征结果可以清晰看到由单层、双层及少层石墨烯堆叠起来的纳米片结构。从拉曼表征结果可以看到 2 700 cm^{-1} 左右明显的石墨烯 2D 峰,也证明了产物具有较好的石墨化结构,但由于该方法制备的石墨烯为畴区尺寸在纳米级的片状结构,片层之间有一定的交叠,所以 1 380 cm^{-1} 左右的 D 峰也比较明显。相关的原子分辨石墨烯像、电子能量损失谱(EELS)等都证明该方法制备的石墨烯为纯度较高、结构有序的纳米片。

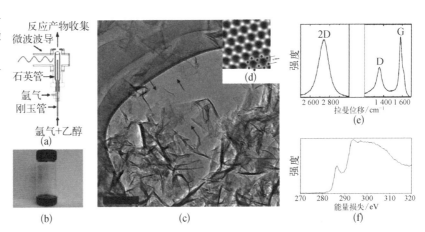

图6-9 无基底微波气相合成石墨烯

（a）微波等离子体反应器示意;（b）气相合成的石墨烯;（c）TEM 结果（标尺 100nm）;（d）原子分辨石墨烯像;（e）拉曼表征结果;（f）EELS 结果

　　随后,E. Tatarova 等发表了一系列工作详细分析了乙醇作为碳源,通过 A-T-P(Aerosol-Through-Plasma)技术制备石墨烯的反应机理和影响因素。在原有 2.45 GHz 的微波等离子体反应器的基础上,他们在气路下游出口处连接了傅里叶变换红外光谱仪(FT-IR)、吸收光谱仪和过滤膜,以便检测反应产物的组分[图6-10(a)]。通过理论分析和实验验证,他们将微波等离子体的反应区域分成热等离子体区和组装区。其中热等离子体区包括等离子体激发区和表面波维持区。在该区域由于等

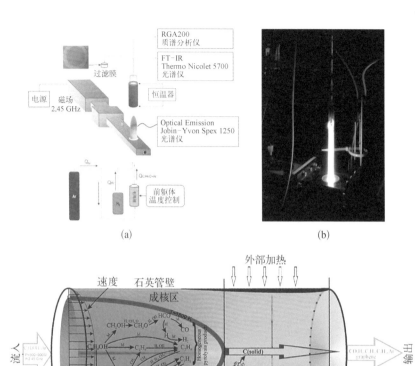

图 6-10 微波气相反应制备石墨烯原理分析

（a）微波等离子体反应器示意;（b）微波反应制备过程的光学照片;（c）微波反应制备石墨烯原理示意

　　离子体可以吸收表面波的能量,并通过碰撞等方式进行传递,所以该区域具有较高的反应温度和较多的反应活性粒子,乙醇碳源的裂解和成核就发生在这个区域,因此该区域也被称为成核区。随着远离微波源,体系的温度和反应活性粒子的数目迅速降低,在热等离子体区成核的石墨烯会扩散到该区域发生拼接和组装,最终形成石墨烯纳米片,因此这一区域被称为组装区。

　　在热等离子体区,乙醇以两种方式发生裂解。第一种方式是 C-C 单键断裂形成 CH_2OH 和 CH_3·自由基,之后 CH_2OH 进一步分解成 CO 和 H_2。

$$C_2H_5OH \longrightarrow CH_2OH + CH_3 \cdot \longrightarrow CO + H_2 \qquad (6-1)$$

第二种方式是乙醇分子脱 OH 形成 C_2H_4 和 C_2H_2。

$$C_2H_5OH—OH \longrightarrow C_2H_4 + C_2H_2 \qquad (6-2)$$

如图 6-11 所示,红外光谱的表征结果表明,当关闭等离子体时,在 $2\,900\,cm^{-1}$ 和 $3\,700\,cm^{-1}$ 处出现明显的乙醇的信号峰,而当打开等离子体

图 6-11 微波反应产物表征结果

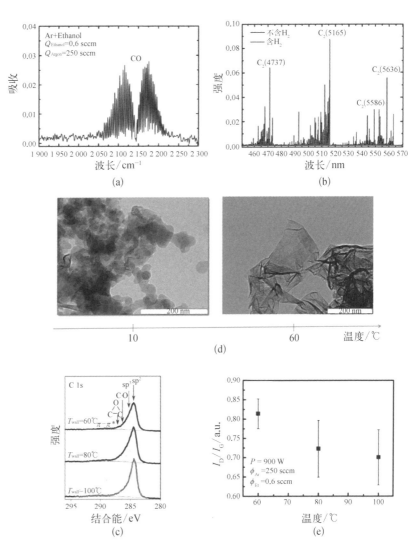

（a）红外光谱表征结果;（b）等离子体发射光谱表征结果;（c）不同温度 XPS 结果;（d）不同温度的石墨烯 SEM 形貌;（e）不同温度 I_D/I_G 比值变化

时,乙醇的信号峰消失,反而出现了 $2\,170\,\text{cm}^{-1}$ 的 CO 的吸收峰信号,这表明一部分乙醇按第一种方式分解产生了 CO。同时,等离子体发射光谱的结果表明,在 $4\,737\,\text{Å}$、$5\,165\,\text{Å}$ 和 $5\,586\,\text{Å}$ 处出现了 C_2 的信号峰,证明了第二种分解方式的存在。

由于石墨化过程主要由第二种裂解方式产生的碳核迁移到温度较低的组装区发生,所以影响 A-T-P 技术制备石墨烯的质量的关键因素在于组装区的温度。SEM 表征结果表明,随着组装区温度的提高,石墨烯由最初的球形或无定形变成片层结构。Raman 和 XPS 的结果也表明,通过外置温区的方法提高组装区的温度,D 峰强度和 sp^3 C 的含量明显降低,表明石墨化程度得到了提高。

对于通常的化学气相沉积(CVD)技术来说,以铜箔为代表的基底会对石墨烯的质量产生较大影响,例如铜箔的晶面、含氧量、表面污染物等会显著影响石墨烯的褶皱、生长速度以及成核位点。这种无基底的微波制备方法避免了基底对于石墨烯质量的影响,同时得到的石墨烯可以直接沉积在透射电子显微镜(TEM)载网或硅片等功能基底上,避免了转移刻蚀的步骤。这种方法能够在室温环境中连续不断地生产质量较高、结构有序、无须基底的石墨烯纳米片,具有一定的工业化前景。

6.3.3　微波法制备石墨烯的装备进展

微波法制备石墨烯的装置通常由微波系统、等离子体反应室、真空系统和气路系统等四个部分组成[图 6-12(a)]。其中真空系统和气路系统为通用型系统,与一般 CVD 体系相似。微波系统是微波法装置的核心,由微波功率源(通常为 2.45 GHz)、环行器、水负载、阻抗调配器、功率探头和显示仪表等部分组成。等离子体反应室主要包括真空沉积室、微波与等离子体的耦合器和基片台等部分,反应室的不同是区分不同微波法装置的关键。从真空沉积室的形状来分

图 6-12　微波法制备装置

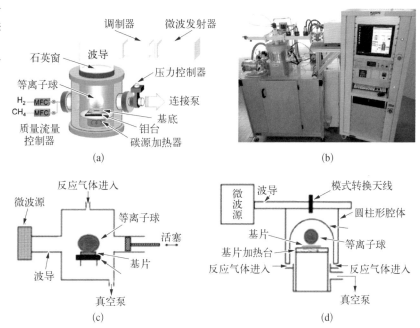

（a）微波法装置示意；（b）微波法装置实物；（c）表面波耦合石英管式微波装置示意；（d）石英钟罩式微波装置示意

类,可分为管式、钟罩式和金属腔体式。从微波与等离子体的耦合方式来分类,可以分为表面波耦合式、直接耦合式和天线耦合式。整体来看,过去的几十年里,微波法装置经历了早期石英管、石英钟罩式,到后期的圆柱谐振腔式、椭球谐振腔式以及电子回旋共振式的发展历程。

　　表面波耦合石英管式装置是最常用、最简单的微波装置。如图6-12(c)所示,通过调节微波的功率和波导终端的滑片的位置,使得微波场在石英管中心产生稳定的等离子球,并利用该等离子球裂解反应气体来制备样品。该装置结构简单,易于加工,不足之处在于石英管容易受到等离子体刻蚀破坏,功率过大石英管容易发生软化,因此这类石英管微波装置的微波功率通常受到限制,输入功率较低(一般小于800 W),使得样品的生长面积较小,因此多用于实验室水平的探索和研究。

随后出现的改进是石英钟罩式微波装置。与石英管式不同的是，石英钟罩式微波装置增加了模式转换器，通过在石英钟罩外增加同轴天线来辐射产生驻波场，使得石英钟罩内可以形成稳定的微波等离子体［图6-12(d)］。相比于石英管式装置，钟罩式微波装置在样品的生长面积和微波功率等方面都有了改善。但是，由于石英钟罩式装置中钟罩与等离子体仍然很近，输入功率较高时也存在等离子体刻蚀的问题，所以这类装置的功率提升仍存在瓶颈，一般功率范围为2～3 kW。

为进一步提高微波装置的输入功率，人们设计了圆柱金属谐振腔式装置。如图6-13(a)所示，它使用平板状的石英窗口代替石英钟罩，石英窗与等离子体的间距较远，可以有效避免等离子体的刻蚀，其功率可以达到5 kW，但由于次生等离子体产生，石英窗的刻蚀实际上仍然难以避免。随后，出现了多模非圆柱谐振腔式的微波装置［图6-13(b)］。相比而言，其环形石英窗被隐藏在基台的下方，完全与等离子体隔离。但是这种装置的腔室结构不规则，制造难度较大，在运行和调节时存在一定的困难。

最新的解决方案是椭球谐振腔式微波装置，如图6-13(c)所示，该装置将微波天线的发射端置于椭球的上焦点，将样品生长的平台置于椭球的下焦点，通过巧妙利用电磁波的反射和椭球具有双焦点的特性，使得微波通过转换进入椭球形谐振腔后，从椭球的上焦点聚焦到下焦点产生强电场，并利用产生的强电场激发反应气体，产生等离子体。得益于椭球谐振腔的聚集作用，微波的能量都集中在样品台附近，有效避免了次生等离子体区域的产生，从而解决了等离子体刻蚀的问题，其微波功率可达到6 kW。

目前，为了进一步提高微波装备腔室内的等离子体密度，人们设计了电子回旋共振式微波装置［图6-13(e)］，即通过外加磁场使电子做圆周运动，当电子圆周运动的频率与微波频率相同时，电子发生回旋共振，从而大大提高等离子体密度，实现样品的大面积均匀沉积。

石墨烯制备技术

图 6-13 微波法
制备装置进展

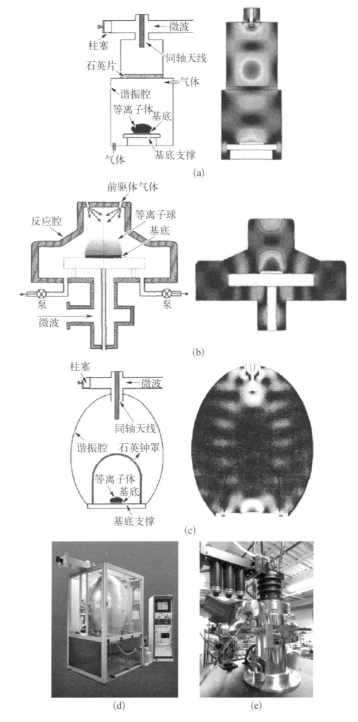

（a）圆柱金属谐振腔式微波装置示意;（b）多模非圆柱谐振腔式微波装置示意;（c）椭球谐
振腔式微波装置示意;（d）椭球谐振腔式微波装置实物;（e）电子回旋共振式微波装置实物

6.4 电子束辐照技术

6.4.1 电子束与物质相互作用

近几十年来,利用电子束辐照技术实现原位实时观察材料的生长过程,一直是人们研究的热点。相对而言,碳材料对于电子束辐照比较敏感,研究人员利用电子辐照技术在 TEM 下观察到许多碳材料的纳米结构在电子束辐照下的结构变化,如球形洋葱碳结构的形成以及碳纳米管的形成,如图 6‐14 所示(Arenal,2014)。

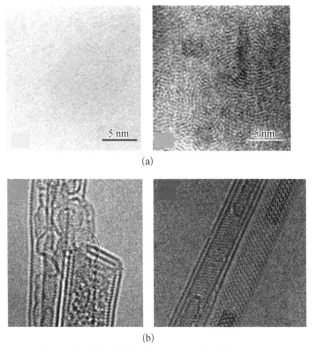

图 6‐14 电子束辐照下碳材料的结构变化

（a）洋葱碳结构的形成；（b）碳纳米管的形成

通常来说,电子束辐照与物质的相互作用包括碰撞位移、电子激发、氧化还原以及电子束诱导结晶化。碰撞位移是指电子与物质原子发生弹

石墨烯制备技术

性或非弹性散射,当碰撞交换的能量大于原子位移能时,物质的原子发生位移或溅射出表面。其中位移能是材料的本征性质,与材料的化学组成和原子结构有关。例如石墨的位移能为 30 keV,在 140 keV 的电子束辐照下,石墨中的 C 原子能够发生位移。氧化还原过程又称为 Knotek‐Feibelman 过程,一般发生在高价氧化物中,是指电子轰击阳离子形成空位后,俄歇过程会使相邻氧原子填充该空位,俄歇过程会释放两个价电子,使得原本负价的氧离子带正电。电子束诱导结晶化过程是通过电子束辐照,使原本无定形结构的物质重新晶化。Qin 等对于该结晶化过程进行了详细的机理分析,他们认为电子束辐照的能量分成两部分。其中一小部分储存在缺陷形成能中,剩下的绝大部分用于克服原子重排的能垒,最终形成能量更低、结构更稳定的结晶态(图 6‐15)(Qin,2011)。

图 6‐15 电子束诱导结晶化原理示意

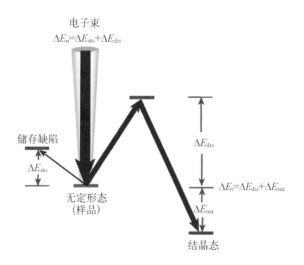

电子束
$\Delta E_n = \Delta E_{sto} + \Delta E_{dis}$

储存缺陷

ΔE_{sto}

无定形态
(样品)

ΔE_{dis}

$\Delta E_r = \Delta E_{dis} + \Delta E_{rea}$

ΔE_{rea}

结晶态

6.4.2 电子束诱导无定形碳结晶化制备石墨烯

利用电子束诱导结晶化作用,通过电子束辐照,将无定形碳转化为有序的碳结构,可以更好地研究碳物种的形成和转化过程。例如早在 2002 年,Yajima 等用 100～200 keV 的电子束辐照无定形碳得到了洋葱结构的碳,电子能量损失谱(EELS)证实电子束辐照后 sp^2 C 含量增加(Yajima,2002)。Mark H. Rümmeli 等在 *Advanced Materials* 上发表的工作首次通过电子束辐照的方法,由无定形碳制备得到石墨烯。他们选择 80 keV 的电子束来辐照无定形碳制备石墨烯,并在实验中发现基底的作用对于石墨烯的形成至关重要。

如图 6-16 所示的实验结果表明,20 nm 厚的悬空无定形碳在 80 keV 电子束辐照下形成了球形洋葱状的多层石墨结构。而在石墨烯或氮化硼基底上的无定形碳在电子束辐照下可以得到 3~8 层的平面石墨烯结构。他们认为在电子束作用下,由于电子束能量高于无定形碳的位移能(约 30 keV),无定形碳可以发生化学键断裂。如果没有基底,电子束辐照形成的石墨化结构会趋向于形成应力分布更加均匀的球形,即球形洋葱状石墨结构。而在石墨烯或氮化硼的基底上,范德瓦耳斯相互作用可以诱导碳原子的重排,形成结构更稳定、能量更低的具有平面 sp^2 结构的石墨烯。

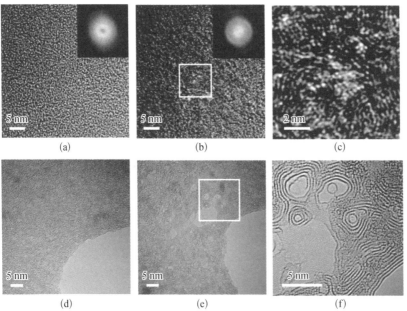

图 6-16 电子束辐照无定形碳结果

(a) 悬空无定形碳的 TEM 结果;(b) 电子束辐照后的 TEM 结果;(c) 在 (b) 中方框区域的放大结果;(d) 石墨烯上无定形碳的 TEM 结果;(e) 电子束辐照后的 TEM 结果;(f) 在 (e) 中方框区域的放大结果

　　　　　　　　　　　　　　　　　　　　　　　石墨烯制备技术

电子束辐照技术制备石墨烯的方法,可以原位观察石墨烯的形成过程,对于了解石墨烯的形成机制具有重要的指导意义。除此之外,该技术可以通过控制无定形碳的厚度来控制石墨烯的层数,并结合电子束的位移可以实现高空间分辨的选区石墨化过程,制备更加精细的石墨烯器件结构,在未来的石墨烯电子器件应用方面具有较大的潜力。

6.5 碳纳米管切割技术

碳纳米管(CNT)可以看作是带状石墨烯发生卷曲形成的圆筒结构,如果把碳管"切开",便可以得到石墨烯的纳米带结构。目前,文献报道的通过碳纳米管切割技术制备石墨烯纳米带的方法主要包括液相氧化法、气相刻蚀法、电化学剪切法和催化剪切法。

6.5.1 液相氧化法

2009 年 Tour 等报道了一种基于液相氧化法、轴向"切开"多壁碳纳米管(MWCNT)制备石墨烯纳米带的方法,其产率接近 100%。具体过程为首先将 MWCNT 悬浮于硫酸溶液中,然后加入氧化剂 $KMnO_4$ 在室温条件下氧化 1 h,随后在 55～70℃ 条件下搅拌 1 h,离心后即可在上清液中得到石墨烯纳米带。透射电子显微镜(TEM)证实石墨烯产物的纳米带结构,TEM 下可以观察到其边缘具有清晰的线性结构,原子力显微镜(AFM)的表征结果也证明切割碳纳米管得到的石墨烯纳米带具有单原子层的厚度。

氧化剂"切开"碳纳米管(CNT)示意见图 6-17(a)。首先氧化剂可以促使 CNT 壁上形成点缺陷,随后氧化剂会在该点缺陷处将 CNT 沿轴切开,从而得到石墨烯纳米带。具体反应机理如图 6-17(c)所示,$KMnO_4$ 在 CNT 壁上形成锰酸酯,进一步脱水后形成双酮结构,酮基之间的空间排斥作用使得轴向的不饱和键更容易被 KMnO₄ 氧化,直到轴向的不饱和键被完全打开,排斥作用导致的应力才会被完全释放,此时石墨烯纳米带便形成了。这种机理能够很好地解释为何 CNT 是沿轴有序拉开的,但是具体从管壁上哪一个点开始打开仍然无法确定。由于所得的石墨烯纳米带表面及边缘含有较多的羰基、羧基和羟基等含氧基团,破坏了石墨烯的共轭结构,导致其导电性较差。通过肼还原或者在氢气条件下退火后,石墨烯纳米带表面的含氧官能团减少,共轭结构被修复,导电性会显著提高,但其性能仍无法与机械剥离的石墨烯相比。

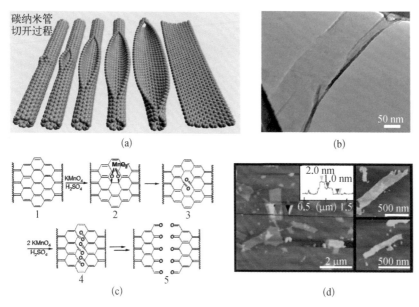

图 6 - 17 液相氧化法切开碳纳米管制备石墨烯

(a)沿轴切开 CNT 过程示意;(b)石墨烯纳米带的 TEM 表征结果;(c)KMnO₄切开 CNT 的化学机理;(d)石墨烯纳米带的 AFM 表征结果

该方法得到的石墨烯纳米带的宽度往往大于 100 nm,小于 100 nm 的很少,并且在纳米带上往往会产生形状不规则的孔洞。这主要是因为宽度小于 100 nm 的石墨烯纳米带的化学反应活性较强,很容易被强氧化剂破坏,不规则孔洞的形成也是氧化剂过度氧化导致的。基于此,Tour 等进一步优化氧化剂的组成、氧化温度和氧化时间等参数,获得了缺陷和孔洞更少的纳米带,并制备出了宽度小于 100 nm 的石墨烯纳米带,大大提高了纳米带的导电性(Tour,2011)。

6.5.2 气相刻蚀法

2009 年,戴宏杰等将 MWCNT 嵌入聚甲基丙烯酸甲酯(PMMA)的保护层中,仅仅露出 MWCNT 部分表面,接着用氩气等离子刻蚀 CNT 暴露在外的部分,从而拉开 MWCNT 得到石墨烯纳米带,具体过程如图 6-18 (a)所示。首先将 MWCNT 沉积到硅片上,然后再在其上面旋涂一层 PMMA,烘烤固化后,在氢氧化钾溶液中将 PMMA 薄膜与硅片分离,此时 MWCNT 的侧壁有一条窄带未被 PMMA 覆盖。用氩气等离子体刻蚀这

图 6-18 气相刻蚀法切开碳纳米管制备石墨烯

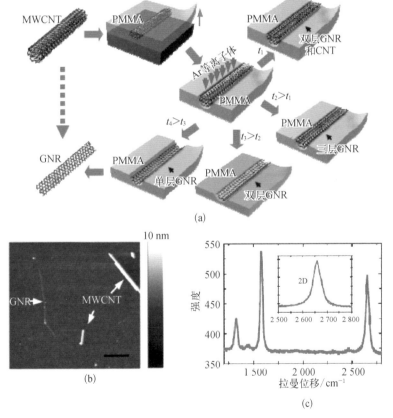

(a) 氩气等离子体刻蚀 MWCNT 制备石墨烯纳米带示意;(b) 石墨烯纳米带及 MWCNT 的 AFM 表征;(c) 单层石墨烯纳米带的 Raman 光谱

条窄带，而其他被 PMMA 保护的地方则不会被刻蚀，便可打开 MWCNT 得到石墨烯纳米带。通过控制刻蚀的时间，可以获得单层、双层和三层的石墨烯纳米带。刻蚀结束后，将 PMMA 薄膜重新转移到硅片上，最后用丙酮除去 PMMA，便得到石墨烯纳米带。由于所用的 MWCNT 直径约为 8 nm，相应所得石墨烯纳米带的宽度大致为 MWCNT 周长的一半（10～20 nm）。AFM 结果显示石墨烯纳米带呈线性分布，并且相比于 MWCNT，高度明显减小，间接证明了 MWCNT 向石墨烯纳米带的转化。利用 Raman 对所得的石墨烯纳米带的质量进行表征，发现石墨烯纳米带有一个小的 D 峰，该 D 峰来源于纳米带边缘的一些无序的结构。

上述方法的局限性在于只能在基底上制备石墨烯纳米带，且产率较低，基于此，该课题组进一步发展了一种先在气相中温和氧化 MWCNT，再通过超声剪切 MWCNT 获得石墨烯纳米带的方法。通过该方法制备的石墨烯纳米带产率高、质量好，边缘较为平整，具有较高的导电性和载流子迁移率，并且有望实现规模制备。具体过程如图 6 - 19(a)所示，首先将 MWCNT 在 500℃ 条件下置于空气中焙烧，从而引入点缺陷以便刻蚀。然后将其分散在 PmPV①的二氯乙烷溶液中，通过超声将 MWCNT 从缺陷处开始剪切成石墨烯纳米带。离心除杂后，大部分（＞60%）的石墨烯纳米带都在上清液中。所得石墨烯纳米带层数为单层、双层和三层，宽度为 10～30 nm。图 6 - 19(b)的 AFM 表征结果显示 MWCNT 原材料、被部分拉开的 MWCNT 和石墨烯纳米带的结构，其中石墨烯纳米带的高度为 1.4～1.6 nm，明显小于初始 MWCNT 的高度，进而证明 MWCNT 向石墨烯纳米带转变的切割过程。TEM 的表征结果显示[图 6 - 19(c)]，石墨烯纳米带的边缘特别平整，能够清晰地辨别石墨烯纳米带的层数，进一步说明超声剪切的有效性。同时用 Raman 光谱表征石墨烯纳米带的质量[图 6 - 19(d)]，相比之前发表的文献，其 D 峰和 G 峰的峰强比（I_D/I_G）更小，表明该方法在制备过程引入的缺陷密度更小。

---

① PmPV 为聚[(间苯乙炔)-co-(2,5-二辛氧基对苯乙炔)]。

图 6-19 气相氧化-声波降解法制备石墨烯

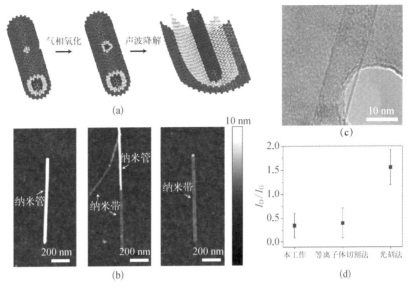

（a）剪切 CNT 制备石墨烯纳米带示意；（b）CNT、被部分剪切的 CNT 和石墨烯纳米带的 AFM 表征结果；（c）石墨烯纳米带的 TEM 表征结果；（d）气相氧化-声波降解法制备的石墨烯纳米带 D 峰和 G 峰的峰强比（I_D/I_G）更小

以上方法都存在石墨烯纳米带边缘被氧化的问题，Tour 等利用钾蒸气对 MWCNT 进行切割，制得边缘未被氧化的石墨烯纳米带［图 6-20(a)］。

图 6-20 钾蒸气切割碳纳米管制备石墨烯

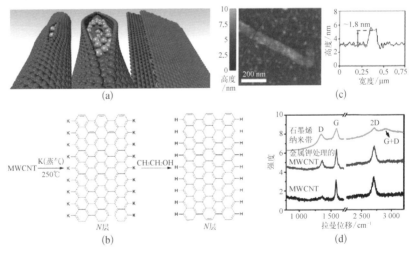

（a）金属钾插层 MWCNT，纵向连续切割 MWCNT 形成石墨烯纳米带示意；（b）金属钾拉开 MWCNT 的化学流程；（c）石墨烯纳米带 AFM 表征结果；（d）MWCNT、金属钾蒸气处理的 MWCNT、石墨烯纳米带的拉曼光谱

他们将金属钾和 MWCNT 真空密封在玻璃管中,加热至 250℃ 反应 14 h。反应过程中,钾原子插入 MWCNT 层间,并沿着碳管壁将碳纳米管切开。接下来用乙醇淬灭反应,将石墨烯纳米带的边缘变成"氢终止边缘",进而获得沿着轴向切开的石墨烯纳米带,产率几乎为 100%。随后在氯磺酸中进行超声,便可得到分散的石墨烯纳米带[图 6 - 20(b)]。所得石墨烯纳米带宽 130~250 nm,长 1~5 nm,平均高度大约为 1.8 nm[图 6 - 20(c)]。Raman 结果显示这种方法制备的石墨烯纳米带的 D 峰很小[图 6 - 20(d)],并且其导电性可与机械剥离的石墨烯媲美。

6.5.3　电化学剪切法

电化学能够精确地控制氧化程度和氧化位点,因此相比于化学氧化法和等离子体刻蚀法更能精确地打开 CNT,从而制备石墨烯纳米带。Pillai 等通过调制界面层电场来定向排列 CNT,由于初始缺陷位点存在应力,C—C 键也更容易断裂,进而使得 MWCNT 沿轴向拉开,而且还可以通过调节电场来实现石墨烯层数的控制以及定向排列。制备石墨烯纳米带如图 6 - 21(a)所示,首先在 0.7 V 的条件下将 MWCNT 氧化 6 h,MWCNT 表面产生大量的含氧基团,MWCNT 轴向发生破裂。然后再加反向电压,将含氧基团还原。Raman 光谱显示,还原后石墨烯的 D 峰强度大大降低,表明该方法制备的石墨烯纳米带质量较高[图 6 - 21(b)]。相比于化学还原制得的石墨烯纳米带,其表面的含氧基团和缺陷相对减少。所得石墨烯纳米带长约 1μm,边缘比较平整,高度为 1.6 nm,显示出 MWCNT 向石墨烯纳米带的完全转化。

6.5.4　催化剪切法

催化剂金属纳米颗粒负载在石墨或石墨烯表面时,在高温和氢气条件下,纳米颗粒会沿着石墨或石墨烯特定的结晶方向进行切割,从而形成

图 6-21 电化学切割碳纳米管制备石墨烯

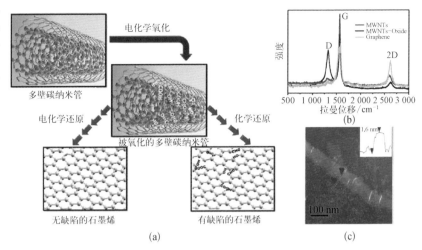

（a）电化学剪切 MWCNT 制备石墨烯纳米带示意；（b）MWCNT、氧化多壁碳纳米管、石墨烯纳米带的 Raman 表征结果；（c）石墨烯纳米带 AFM 表征结果

一条沟道。利用这个思路，金属纳米颗粒也能在 CNT 表面切割，从而形成石墨烯纳米带。

Terrones 等通过在 MWCNT 上负载 Co 和 Ni 纳米颗粒，并在氢气和氩气氛围下于 850℃ 加热 30 min，MWCNT 即被金属纳米颗粒刻出沟道，并进一步形成石墨烯纳米带。具体过程为金属纳米颗粒先将氢气分子催化解离成氢原子，随后氢原子扩散到 MWCNT 表面，与碳原子发生反应，从而实现 MWCNT 的刻蚀。随着金属纳米颗粒在 MWCNT 表面移动，MWCNT 便被刻出沟道出来，沟道的直径和金属纳米颗粒的直径一致。如图 6-22(a)～(d)所示，金属纳米颗粒会沿着 MWCNT 轴向发生部分或者完全剪切，也会将碳管横向剪断。这主要是因为所用的 MWCNT 的手性不同，导致缺乏对剪切方向的有效控制。

综上所述，目前通过碳纳米管切割技术可以制备出质量较高、导电性较好的单层或多层石墨烯纳米片。但是，受限于碳纳米管的尺寸、结构、手性以及切割位点的随机性，该方法制备出的石墨烯纳米片尺寸较小，重复性较低，目前多用于实验室水平的研究，距离实现大批量、规模化制备，如在工业用于导电添加剂，还需要进一步探索和推进。

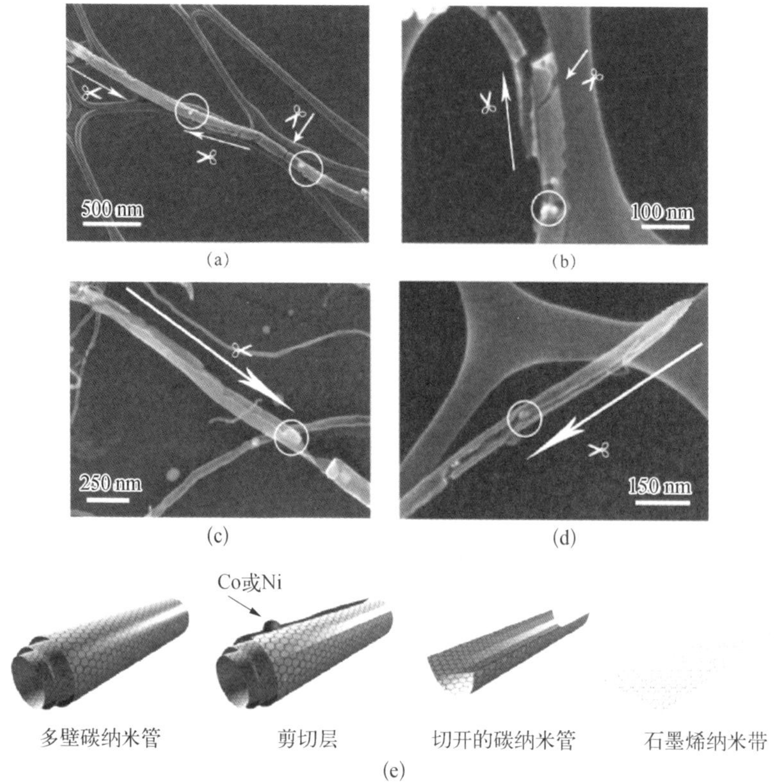

图 6 - 22 催化切割碳纳米管制备石墨烯

（a）（b）（d）含 Ni 纳米颗粒的多壁碳纳米管 SEM 表征；（c）硅片上含 Co 纳米颗粒的多壁碳纳米管 SEM 表征（箭头所指的是纳米颗粒剪切方向，圆圈内的是纳米颗粒）；（e）金属纳米颗粒剪切 MWCNT 制备石墨烯纳米带不同阶段的示意

参考文献

［1］ Shelton J C，Patil H R，Blakely J M. Equilibrium segregation of carbon to a nickel (111) surface：A surface phase transition［J］. Surface Science，1974，43(2)：493 - 520.

［2］ Sutter P W，Flege J I，Sutter E A. Epitaxial graphene on ruthenium［J］. Nature Materials，2008，7(5)：406 - 411.

［3］ Xu M，Fujita D，Sagisaka K，et al. Production of extended single-layer graphene［J］. ACS Nano，2011，5(2)：1522 - 1528.

［4］ Zhang C，Fu L，Liu N，et al. Synthesis of nitrogen-doped graphene using

石墨烯制备技术

embedded carbon and nitrogen sources[J]. Advanced Materials, 2011, 23 (8): 1020 - 1024.

[5] Liu N, Fu L, Dai B, et al. Universal segregation growth approach to wafer-size graphene from non-noble metals[J]. Nano Letters, 2011, 11 (1): 297 - 303.

[6] Wu Z S, Ren W, Gao L, et al. Synthesis of graphene sheets with high electrical conductivity and good thermal stability by hydrogen arc discharge exfoliation[J]. ACS Nano, 2009, 3(2): 411 - 417.

[7] Subrahmanyam K S, Panchakarla L S, Govindaraj A, et al. Simple method of preparing graphene flakes by an arc-discharge method[J]. Journal of Physical Chemistry C, 2009, 113(11): 4257 - 4259.

[8] Huang L, Wu B, Chen J, et al. Gram-scale synthesis of graphene sheets by a catalytic arc-discharge method[J]. Small, 2013, 9(8): 1330 - 1335.

[9] Park S, Ruoff R S. Chemical methods for the production of graphenes[J]. Nature Nanotechnology, 2009, 4(4): 217 - 224.

[10] Dato A, Radmilovic V, Lee Z, et al. Substrate-free gas-phase synthesis of graphene sheets[J]. Nano Letters, 2008, 8(7): 2012 - 2016.

[11] Dato A, Lee Z, Jeon K J, et al. Clean and highly ordered graphene synthesized in the gas phase[J]. Chemical Communications, 2009(40): 6095 - 6097.

[12] Dato A, Frenklach M. Substrate-free microwave synthesis of graphene: experimental conditions and hydrocarbon precursors[J]. New Journal of Physics, 2010, 12(12): 125013.

[13] Tatarova E, Dias A, Henriques J, et al. Microwave plasmas applied for the synthesis of free standing graphene sheets[J]. Journal of Physics D: Applied Physics, 2014, 47(38): 385501.

[14] Tsyganov D, Bundaleska N, Tatarova E, et al. On the plasma-based growth of "flowing" graphene sheets at atmospheric pressure conditions [J]. Plasma Sources Science and Technology, 2015, 25(1): 015013.

[15] Gonzalez-Martinez I G, Bachmatiuk A, Bezugly V, et al. Electron-beam induced synthesis of nanostructures: a review[J]. Nanoscale, 2016, 8(22): 11340 - 11362.

[16] Börrnert F, Avdoshenko S M, Bachmatiuk A, et al. Amorphous carbon under 80 kV electron irradiation: a means to make or break graphene[J]. Advanced Materials, 2012, 24(41): 5630 - 5635.

[17] J. M. Tour, et al. Longitudinal unzipping of carbon nanotubes to form graphene nanoribbons. Nature, 2009, 458: 872 - 876.

[18] Hongjie Dai, et al. Narrow graphene nanoribbons from carbon nanotubes. Nature, 2009, 458: 877 - 880.

[19] Hongjie Dai, et al. Facile synthesis of high-quality graphene nanoribbons.

Nature Nanotechnology, 2010, 5: 321 – 325.

[20] J. M. Tour, et al. Highly conductive graphene nanoribbons by longitudinal splitting of carbon nanotubes using potassium vapor. ACS Nano, 2011, 5: 968 – 974.

[21] V. K. Tour, et al. Electrochemical unzipping of multi-walled carbon nanotubes for facile synthesis of high-quality graphene nanoribbons. Journal of the American Chemical Society, 2010, 133: 4168 – 4171.

[22] M. Terrones, et al. Longitudinal cutting of pure and doped carbon nanotubes to form graphitic nanoribbons using metal clusters as nanoscalpels. Nano Letters, 2010, 10: 366 – 372.

第 7 章

三维石墨烯的制备技术

7.1　三维石墨烯材料及其制备方法

在前面章节已经介绍过,石墨烯是一种由 sp^2 杂化的碳原子组成的二维原子晶体材料,其具有优异的导电性、化学稳定性和超高的理论比表面积,通常还表现出较大的憎水性。石墨烯优异的导电性和超大的比表面积非常符合能源、催化、生物医药、环境等领域应用的需求。然而,分散在溶液里的石墨烯片是单原子层、少原子层厚度的材料,不利于其在以上领域的应用。另外,液相中石墨烯的片层之间存在较强的 π-π 相互作用而倾向于发生层与层之间的堆叠,从而形成团聚,导致整体的比表面积下降,继而影响其实际应用性能。为了充分展现石墨烯的优良性能,实现良好的应用效果,通常需要避免这种团聚(片层堆积)的现象。此外,上述应用还要求石墨烯材料具有以下特点:① 材料需具有一定的体积,同时保持很低的密度;② 材料需具有很高的比表面积,以增加催化剂的单位体积(或面积)的附着位点或污染物的吸附位点等;③ 在溶液体系中,材料的物化性质和结构需要对反应物或活性物质的传递和扩散有利,为原子、离子以及分子的传输提供通路;④ 从提高安全性能的角度出发,材料还需要具有较好的热传导性能;⑤ 材料需要易于操作和移动;⑥ 需维持石墨烯良好的本征性质,比如导电性、环境稳定性等。

为了实现石墨烯材料在能源、催化、生物医药、环境等领域的应用,仅需要对石墨烯材料的形貌及其相应的制备工艺进行一定的调整。比如,我们可以选择构筑具有三维微纳多级结构的三维分级结构粉体石墨烯,使其在保持石墨烯良好物理化学性质的同时兼具宏观形态以及可调控的微纳结构。与使用粉体基底生长的壳层结构不同,三维粉体石墨烯具有更加丰富的微纳孔隙、复杂的孔道结构或者具有多级纳米线状、纳米片状的次级结构。三维粉体石墨烯可以通过非堆垛的三维结构大幅减少石墨烯层间的相互作用的趋势,从而达到阻止石墨烯片层团聚的效果。而三维泡沫石墨烯是一种以少层石墨烯连接形成的具有三维网络结构的宏观材料,该材料的气相与固相均为连续相,具有丰富的孔隙和开放的孔道。泡沫石墨烯(graphene foam)可视为同一类结构的石墨烯材料的总称,诸如石墨烯海绵(graphene sponge)、石墨烯气凝胶(graphene aerogels)、石墨烯水凝胶(graphene hydrogels,连续相为水、石墨烯)、石墨烯支架结构(strutted graphene)都可看作是三维泡沫石墨烯。相较于三维分级结构的石墨烯粉体,三维泡沫石墨烯具有易使用、易回收和重复利用的特点,在油水分离、电磁屏蔽等应用中性能均优于粉体材料;而在电化学应用中,三维泡沫石墨烯作为电极或集流体等部分使用时由于不需要额外的黏结剂,从而具有更高效的电子传输效率。

不同的制备方法使三维石墨烯材料的几何与微观结构各不相同,而这些结构决定了其最终的性质。本章将围绕如何构筑三维石墨烯的三维网络结构以及多级结构展开,其中,三维石墨烯的一些基本制备原理和装备与前几章联系紧密,重复部分不再赘述。三维石墨烯的制备方法按照所用的原材料分类,可主要分为两种方法:组装法和合成法。组装法通常使用氧化石墨烯(Graphene Oxide,GO)片作为原料,氧化石墨烯片在水热、化学还原的过程中可组装形成泡沫石墨烯;也可通过高分子粘连(3D打印)的方法设计并打印出泡沫石墨烯;或通过将这些片状石墨烯沉积在一些可去除的牺牲模板上来实现三维多孔结构的构筑。一般来说,组装法是无数小片层石墨烯的组装体,由于其原料绝大部分为氧化还原石墨烯片,其还原后的还原氧化石墨烯仍然保留有许多无法完全还原的残基,并且具有较大的层间接触电阻,导致组装法获得的泡沫石墨烯的导电性较低,大部分材料的结构稳定性与理论结果尚有较大差距。但组装法具有非常突出的优势,其使用的原材料氧化还原石墨烯易于大规模制备,产量较大,故而组装法制备泡沫石墨烯成为不少企业与研究者的优先选择。合成法则是在有生长模板或者无模板的情况下,使用化学气相沉积(CVD)系统,通过含碳源的前驱体直接生长或退火偏析得到。对于合成法来说,大部分情况下需要有基底(部分文献称为衬底)的辅助,其基底可以是具有三维分级结构的粉体,也可以是有泡沫形状的模板。通常情况下,CVD 系统内合成的石墨烯由于不会存在还原氧化石墨烯中的诸多含氧基团,其质量更高,导电性更好,可以依托模板实现对形貌的调控。不过由于制备设备的限制,CVD 合成法制备的泡沫石墨烯产量尚不够理想。总的来说,无论是组装法还是合成法,使用模板制备三维分级结构粉体石墨烯或三维泡沫石墨烯,都可使其三维形貌得到较好的调控。然而需要注意的是,无论是组装法中的牺牲模板法还是基于模板的合成法,绝大多数基底都需要使用化学刻蚀的工艺去除,这既引入了烦琐的工艺,又会存在基底残留的问题,故而在基底选择的问题上,探究高效、绿色、易去除的基底也逐渐成为三维石墨烯制备技术的一个研究方向。下面我们将对使用组装法和合成法制备三维石墨烯的工作分类进行介绍。

7.2　组装法制备泡沫石墨烯

泡沫石墨烯制备中的组装法主要指使用已具有较大面积石墨烯结构的氧化石墨烯片层或还原氧化石墨烯片层等作为基础材料,使用各种不同的方法制造孔洞,并通过物理堆叠或化学键连组装在一起形成泡沫石墨烯结构的方法。需要注意的是,由于该方法的原材料已经是具有一定面积的片层材料,故而并不适合制备前一节所述的三维分级结构粉体石墨烯材料。本节将泡沫石墨烯的组装法中较为常见的几种制备方法按照不同的制备原理分为水热法、还原法、干燥法、离心蒸发法、牺牲模板法和3D 打印法,并按照此顺序对不同的制备技术进行逐一介绍。

7.2.1　水热法

水热法制备泡沫石墨烯的过程是氧化石墨烯片层通过在反应釜内的高温高压过程被还原并部分发生物理堆叠,通过 π - π 相互作用相连接,进而形成网络结构的过程。制备得到的泡沫石墨烯的形貌和微观结构与氧化石墨烯的浓度和水热反应时间直接相关。清华大学石高全课题组（Xu Y，2010）使用水热的方法以氧化石墨烯为前驱体原料在 180℃ 下反应 12 h 得到泡沫石墨烯，并提出氧化石墨烯的浓度低于 $0.5\ mg \cdot mL^{-1}$ 时石墨烯片之间无法连接形成泡沫结构。这种方法得到的泡沫石墨烯结构比较松散，在冷冻干燥或加热干燥的过程中其结构很容易发生坍塌，从而影响材料的应用性能。Ruoff 课题组在前人发展的水热法的基础上使用氨水或 NaOH 作为还原剂，通过调节氧化石墨烯分散液的 pH 获得了较高密度的泡沫石墨烯（密度为 $1.6\ g \cdot cm^{-3}$）。他们使用不同形状的反应釜内衬，在 180℃ 下反应 18 h，干燥 15 h 后，如图 7-1 所示，得到与反应釜内衬内部形状一致的泡沫石墨烯[1]。该研究还发现，通过控制氨

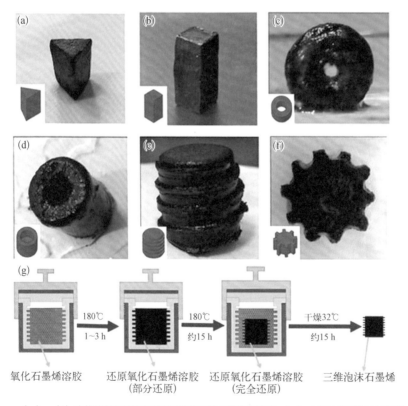

图 7-1 水热法制备泡沫石墨烯[1]

（a）～（f）水热法制备的不同形状的泡沫石墨烯的光学照片；（g）水热法得到泡沫石墨烯的制备流程示意

石墨烯制备技术

含量调节 pH（pH＝10.1）有助于使氧化石墨烯上的 COO⁻ 根保持其离子状态，通过相同电性的排斥作用可以一定程度上解决泡沫石墨烯在合成过程中堆叠过密的问题；除此以外，氧化石墨烯分散液的 pH 也影响着泡沫石墨烯的表面形貌、间隙结构，从而影响整体的电学性能和力学性能。

通常情况下，还原反应导致的氢键数量的减少和冻干过程导致的体积膨胀是造成石墨烯宏观结构机械强度降低的主要原因。加入使石墨烯片层之间产生强相互作用的"交联剂"是增强通过水热法制备得到的泡沫石墨烯的机械强度的一种普遍方法。比如，使用硫脲（CH_4N_2S）作为辅助试剂，一方面可以在泡沫石墨烯形成期间热分解而造孔，另一方面可以引入新的功能基团（—NH_2，—SO_3H），这些基团有助于增加氢键的数量，从而增强石墨烯片层之间的机械强度（Zhao J，2012）。除此之外一些贵金属纳米粒子（Au，Ag，Pb，Ir，Rh，Pt 等）[2] 以及二价正离子（Ca^{2+}，Ni^{2+}，Co^{2+}）[3] 的加入也可以起到结构增强和避免 π-π 堆积的作用。例如，清华大学王训课题组使用氧化石墨烯悬浮液、葡萄糖、$PdCl_2$ 混合搅拌30 min后将其放入水热反应釜，使用120℃条件反应 20 h，再经过清洗和冷冻干燥，即可得到如图 7-2(b)所示镶嵌贵金属 Pd 纳米颗粒的泡沫石墨烯结构。使用该泡沫石墨烯附载 Pd 并将其用于催化 Heck 反应，该泡沫显示出非常高的催化活性和高达 100% 的选择性[4]。该工作作者认为氧化石墨烯片倾向于铆定在 Pd 纳米粒子上，在具有纳米粒子的位置氧化石墨烯会形成很多起伏与褶皱，从而促进石墨烯多孔结构的形成[图7-2(a)]。

虽然泡沫石墨烯的结构可以通过水热法有效构筑，但该方法所使用的氧化石墨烯的还原条件大都比较温和，其含氧残基难以去除完全，故其导电性、导热性和吸油性能会有所损失。不过，水热法具有工艺简单、原料便宜且可批量制备等突出优点，所以目前该方法仍为泡沫石墨烯的常用制备方法之一。

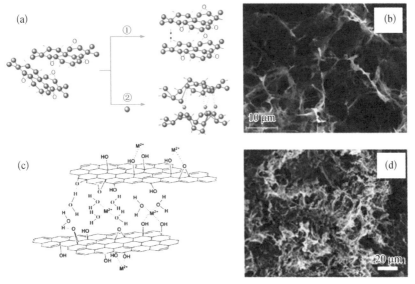

图 7-2 加入"交联剂"的水热法制备泡沫石墨烯

（a）（b）贵金属纳米粒子作为"交联剂"制备泡沫石墨烯的原理示意和电镜照片[2]；
（c）（d）二价正离子作为"交联剂"制备泡沫石墨烯的原理示意和电镜照片[3]

7.2.2 还原法

上述水热法涉及高压反应,不利于泡沫石墨烯的大规模制备。氧化石墨烯片上具有丰富的羧基、羟基、环氧基等含氧基团,一些多功能的还原剂不仅可以将含氧基团的氧化石墨烯还原为石墨烯,并且可以利用这些基团的位置将不同片层的石墨烯通过化学键连接起来,形成结构较为稳定的泡沫石墨烯[图 7-3(a)]。利用该原理可在液相中实现常压温和环境下的泡沫石墨烯的制备。

目前人们已经发展了使用亚硫酸氢钠($NaHSO_3$)、硫化钠(Na_2S)、氢碘酸(HI)、维生素 C、抗坏血酸钠、对苯二酚、间苯二酚树脂、氨水(NH_4OH)等还原剂直接还原制备泡沫石墨烯的方法[4,5]。中国科学技术大学俞立峰课题组使用氧化石墨烯溶液分别与不同还原剂(亚硫酸氢钠、硫化钠、氢碘酸、维生素 C、对苯二酚)在 95℃下静置反应 30 min 到 3 h,再经过 3 天的去离子水透析去除残留无机物,冷冻干燥后得到泡沫石墨烯

图 7-3　还原法制
备泡沫石墨烯

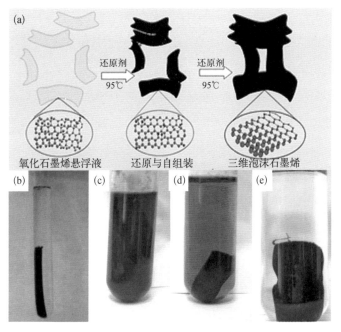

（a）还原法制备泡沫石墨烯的原理；（b）～（e）使用硫化钠、维生素 C、氢碘酸、对苯二酚分别作为还原剂制备的泡沫石墨烯的光学照片[4]

材料[图 7-3(b)～(e)]。可以看出，相比水热法，这种方法在常压下便可以实现泡沫石墨烯的构筑，但其往往需要较长时间的后处理过程来去除过量的还原试剂，生产效率相较于水热法低。

7.2.3　干燥法

通过分析以上水热法与还原法的基本工艺流程，我们不难发现，干燥过程是制备三维石墨烯非常重要的一步。干燥过程中，溶剂的蒸发速度太快会导致孔洞的塌缩，引起孔结构的剧烈变化。常见的干燥方法有冷冻干燥、超临界干燥、真空干燥、热干燥等。孔洞结构通常都是在干燥前形成，通过水热法、还原法等制备的泡沫石墨烯的孔洞的形成过程较为随机，其结构通常也没有明显的规律性。

为使泡沫石墨烯的孔洞结构更加规整，墨尔本大学的李丹等使用冰作为模板,发展了一种将平常冷冻干燥需要去除的"溶剂"作为模板制备具有高定向孔道结构的泡沫石墨烯的方法(图7-4)。具体方法为,使用氧化石墨烯作为前驱体,使其定向沉积在具有特定形状的冰晶体上,这些氧化石墨烯相互搭接组成网络结构,再通过真空(约20 Pa)低温冷冻干燥的方法将冰模板去除,即可得到具有三维形貌的泡沫石墨烯[6]。这种制备方法简便快捷、绿色环保,可以通过控制冰模板的微观形貌来控制泡沫石墨烯的微观孔洞结构,并且得到的石墨烯具有超低的密度和超高的弹性。

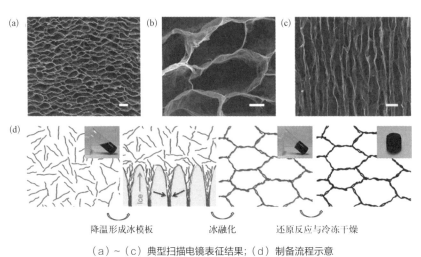

图7-4 使用冰模板法制备泡沫石墨烯[6]

(a)~(c)典型扫描电镜表征结果;(d)制备流程示意

7.2.4 离心蒸发法

离心蒸发法只需要在低压下离心蒸发溶剂,不需要基底支撑便可形成孔道结构,是一种较为简单的制备泡沫石墨烯的方法。这种方法早期由韩国科学技术研究院(KAIST)Fei Liu等建立,其将氧化石墨烯作为前驱体放到离心管中,并置于低压舱室,在离心过程中,氧化石墨烯片下沉至底部而溶液持续挥发,其原理如图7-5(a)所示[7]。在40℃下可得到泡沫氧化石墨烯[图7-5(b)~(d)],而在80℃则得到氧化石墨烯薄膜。氧化石墨烯的浓度决定了最终泡沫结构的壁厚。通过使用50 mL的大离心管,可以得到直径约 1 cm 的泡沫氧化石墨烯。将产物放入高温炉,在 800℃和 H₂、Ar 气氛下退火,可得到含氧量少于 5%(质量分数)的泡沫石墨烯。[8]该方法设计较为巧妙,利用了溶剂蒸发时氧化石墨烯片层之间 π-π 相互作用的原理构成三维结构,但是该方法的缺陷也较为显著,比如,其氧化石墨烯片层堆叠较厚、制得的泡沫石墨烯的宏观形状难以控制、能够获得的泡沫石墨烯的体积较为有限、还原过程仍需要依赖高温系统等。

图 7-5 离心蒸发法制备泡沫石墨烯

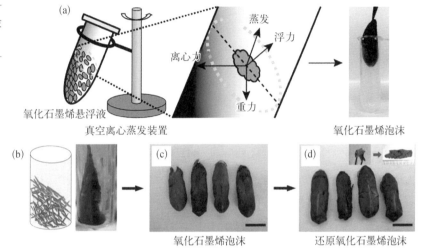

(a)离心蒸发法制备氧化石墨烯海绵的原理[71];(b)~(d)离心蒸发法制得氧化石墨烯海绵、三维泡沫石墨烯的光学照片[8]

7.2.5 牺牲模板法

在 7.2.3 节中我们提到过利用冰模板和冷冻干燥得到定向孔道的泡沫石墨烯的方法,类似的,将氧化石墨烯或还原氧化石墨烯富集在特定的模板上,随后再将模板除去也可以得到由石墨烯片组成的三维泡沫结构。这种方法我们统称为牺牲模板法。

将聚苯乙烯胶体小球作为牺牲模板可制备孔隙较小的泡沫石墨烯。韩国 KAIST 的 Yun Suk Huh 课题组将氧化石墨烯还原处理得到的还原氧化石墨烯(rGO)与聚苯乙烯(PS)在液相中均匀混合,随后用甲苯将 PS 小球除去获得了多孔泡沫石墨烯。[9]在该泡沫石墨烯的制备过程中,溶液的 pH 需控制在 2,这样可以避免 rGO、PS 小球的团聚。在最终过滤成膜时,溶液 pH 需调节到 6,使两种组分均匀聚合。这种泡沫电导率达到了 1 204 S·m^{-1},另外多孔结构可以促进离子电子的传输[图 7 - 6(d)],作为超级电容器的电极在 1 A·g^{-1}电流下充放电,容量达到了 202 F·g^{-1},进一步负载金属氧化物如 MnO$_2$则可以发挥更好的性能,在 1 A·g^{-1}电流下充放电,容量可以达到 389 F·g^{-1}。与上述工作相类似的,韩国国立江原大学的 Bong Gill Choi 课题组将化学修饰了带负电荷的羧基基团的氧化石墨烯片与修饰了带正电荷的氨基的 PS 小球混合,使其通过静电力在超声环境下进行组装[原理见图 7 - 6(a)],并在其上修饰了多种金属纳米粒子,实现了负载纳米粒子的三维泡沫石墨烯的制备。使用该泡沫石墨烯制备的超级电容器表现出极高的容量和循环寿命,作者将电容器的优良性能归因于泡沫石墨烯提供的极大比表面积,由石墨烯骨架结构构成的导电通道以及由连通孔洞结构构筑的畅通的导离子通路。[10]PS 小球牺牲模板进一步被使用在制备氮掺杂、硫掺杂的泡沫石墨烯中,将表面活性剂聚乙烯基吡咯烷酮(PVP)、磺化 PS 小球(S - PS)模板和氧化石墨烯片一

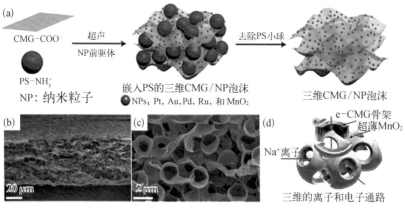

图 7 - 6　牺牲模板法制备泡沫石墨烯

（a）PS 小球作为牺牲模板制备泡沫石墨烯的原理[10];（b）（c）PS 小球牺牲模板制备泡沫石墨烯的扫描电镜照片;（d）负载 MnO$_2$泡沫石墨烯的电极中离子与电子传导的示意（e - CMG 表示 embossed-chemically modified graphene）[9]

同浇筑在泡沫镍的孔洞中,在氮气环境下煅烧,可得到氧化石墨烯片与S-PS组装的三维连续结构。去除PS小球和泡沫镍后该泡沫石墨烯仍然保持有与泡沫镍反相的宏观泡沫结构,同时该泡沫还具有壳球状的连续的微观结构,故而该泡沫石墨烯是一种多级结构的泡沫石墨烯(Wang Z-L,2013)。

除了PS小球,聚氨酯(PU)泡沫也可以作为牺牲模板制备三维石墨烯。悉尼大学的Xusheng Du等将PU泡沫浸入有氧化石墨烯的溶液中,使其充分贴合在泡沫模板上,然后使用明火在空气中灼烧1 min,PU模板即被去除。在灼烧去除模板的同时,PU中的氮原子会留在泡沫骨架中,形成氮掺杂的泡沫石墨烯。作者将其应用于有机物吸附中,结果表明其对油及有机污染物的吸附容量为$500 \text{ g} \cdot \text{g}^{-1}$,优于泡沫镍上通过CVD方法生长得到的泡沫石墨烯(Du X,2015)。

7.2.6　3D打印法

3D打印技术是一种新兴的制造技术,其基本原理是使用可从液相变为固相的材料,根据可设计的数字模型,一层一层打印出固体材料来制造三维物体。将3D打印技术应用于石墨烯三维结构的构建最早是由劳伦斯利弗莫尔国家实验室的M.A. Worsley和美国西北大学R.N. Shah在2015年提出。Worsley采用在氧化石墨烯的分散液中掺入硅粉的方法提高氧化石墨烯溶液的黏度,打印获得的泡沫石墨烯密度小、导电性高,并且有极好的压缩性能(可以承受90%的应变),性能优于其他方法获得的泡沫石墨烯材料。类似地,Shah等采用在氧化石墨烯的分散液中掺入高分子的方法提高氧化石墨烯溶液的黏度,然后再使用3D打印装置,打印出设计好的石墨烯三维结构。这种3D打印的方法可以实现泡沫石墨烯微观结构的精确控制,但是其打印出的材料受到3D打印技术的精确度的限制,得到的石墨烯较厚,孔径较大,且掺入物质会对其物理化学性质产生根本性的影响,不利于石墨烯材料本征优异性能的发挥(图7-7)。

图 7-7　3D 打印法
制备泡沫石墨烯[11]

（a）3D 打印法制得泡沫石墨烯的光学照片；（b）~（d）3D 打印法制备泡沫石墨烯的扫描电镜照片

7.3　合成法制备三维石墨烯

　　合成法主要指由含碳前驱体发生分解,碳原子重新排列,自下而上形成石墨烯的方法。具体来说,使用具有连续多孔的三维模板作为生长基底,在高温炉或 CVD 体系中进行石墨烯的生长,可以在基底表面生长出单层或少层的石墨烯,其结构完全复制基底的三维结构。去除基底后,则可以获得对应形貌的固、气两相都连续的泡沫石墨烯。同理,构筑或利用具有分级结构的粉体模板,也可以生长得到具有分级结构的粉体石墨烯。需要注意的是,纳米级尺寸的金属或氧化物颗粒上容易生长出碳纳米管,然而,粉体的尺寸通常大于微米级,在这种相对较大尺度的粉体基底表面上更倾向于生成石墨烯而非碳纳米管。

　　在第四章 4.3 节我们详细介绍过,CVD 是一种已经可以实现较大规模制备高质量本征石墨烯薄膜的方法,具有可放大、工艺简单、石墨烯质量高等优点。这种方法制备的石墨烯材料通过石墨烯畴区的层状生长,不同畴区间可以通过化学键实现拼接,其面内可看作是完全连续的,故其导电性能普遍优于组装法获得的泡沫石墨烯。由于 CVD 方法制备的三维石墨烯通常具有结晶性高、导电性好的突出优势,该类方法也被广泛用于泡沫石墨烯和三维多级结构粉体石墨烯的制备。本章我们将按照基底的类型分类,简述合成法制备三维石墨烯的技术。

7.3.1 金属模板法制备泡沫石墨烯

我们可以将模板分成金属基底模板和非金属基底模板两种。而对于模板的选择,要遵循以下几个要求:(1) 模板必须具有三维多孔的双连续结构;(2) 模板材料最好对碳源的裂解和石墨烯的形成有一定的催化能力,从而可在一定程度上降低生长温度并且获得高质量石墨烯;(3) 模板需易于刻蚀,刻蚀后须基本无残留,或者不刻蚀模板,但模板本身可以在后续的应用中发挥作用;(4) 模板材料须易于获取或易于制备,成本低。

对石墨烯在金属上生长机理的详细阐述请参阅 4.1.1 节,简单来说,过渡金属对碳源裂解以及石墨烯的形成具有催化作用,如铜、镍等,并且泡沫铜、泡沫镍工业上的生产技术十分成熟,因此常常被用作三维石墨烯的生长基底。此外,以镍为代表的一些过渡金属对碳有一定的溶解度,除了可以催化碳源表面裂解,进行表面生长外,一部分碳源可以在高温下溶解在体相内,然后在降温过程中析出,进而在表面形成石墨烯。与以铜为代表的表面催化机理相比,这类金属相对溶碳量高,生长得到的石墨烯通常为厚层,将基底刻蚀后可以自支撑,因此是理想的三维石墨烯生长基底。

1. 金属泡沫基底

中国科学院金属研究所的成会明和任文才课题组使用商用泡沫镍作为生长基底,以甲烷为前驱体通过常压 CVD 法在 1 000℃的条件下成功制备了可自支撑的泡沫石墨烯。其制备过程为,首先通过常压 CVD 的方法在泡沫镍表面生长得到石墨烯,再对基底进行刻蚀,为了保持结构稳定,需要进一步通过 PMMA 辅助转移。用热的氯化铁溶液进行刻蚀后,用热丙酮除去 PMMA。利用该方法所得到的泡沫结构,石墨烯片层之间保持有效接触,几乎没有断裂,密度约为 5 mg·cm^{-3},孔隙率可以达到 99.7%,比表面积高达850 m^2·g^{-1}。从高分辨 TEM 以及拉曼图谱中可以看到获得的石墨烯的结晶性较高。同时,这种方法可以通过不同尺寸结构泡沫镍的选择以及碳源浓度、生长时间等来调控石墨烯的结构。为了获得更高的机械强度,可以将 PDMS 均匀涂覆在泡沫石墨烯表面。此外,由于镍与石墨烯的热膨胀系数的不同,得到的泡沫石墨烯表面具有明显的起伏和褶皱,这些褶皱加强了石墨烯与高分子链的结合,获得的泡沫石墨烯/PDMS 复合结构电导率达 10 S·cm^{-1},该工作发表时达到其他化学法得到的石墨烯复合物电导率的 6 倍左右,同时其具有良好的柔性,是较为理想的三维导电电极,在超级电容器、锂离子电池、热管理、催化等方面都有良好的应用前景。

在传统以泡沫镍为基底的方法的基础上,研究者从基底前处理、碳源种类、生长时间、降温过程、刻蚀过程等影响石墨烯生长的因素方面进行了进一步的研究,实现了对泡沫石墨烯生长过程的优化。南洋理工大学的范红金课题组(Chao D,2014)从碳源的种类上做了改进。他们通过鼓泡法以氩气和氢气的混合气体作为载气引入液体碳源——乙醇。乙醇相较于甲烷的优势在于,前者的裂解温度低,可以在降低生长温度的条件下获得高质量石墨烯。并且这种鼓泡法引入前驱体碳源的方法可以进一步应用于其他液体碳源,为石墨烯的生长提供了新思路。

Ruoff 教授课题组(Ji H,2012)在上述生长方法的基础上做了一些调整,他们延长了泡沫石墨烯的生长时间,降低了降温速度,从而获得了厚层泡沫石墨烯,因为片层变厚,密度增大(约 9.5 mg·cm^{-3}),所以机械性能有所增强。其中作者经过换算得到泡沫石墨烯中石墨烯本身的导电性约为1.3×10^3 S·cm^{-1}①。从制备过程来分析,以一定浓度的甲烷为前驱

---

① 泡沫中石墨烯的导电性不是泡沫本身整体的导电性,根据 Lemlich 等的推导,泡沫结构、导电性较好的材料(金属)的导电率可以使用下式计算得到。[21,22]

$$\sigma_{固相} = \frac{3\sigma_{泡沫}}{\phi_{泡沫}}$$

式中,$\sigma_{固相}$ 为材料本身的电导率;$\sigma_{泡沫}$ 为泡沫材料的电导率;$\phi_{泡沫}$ 为固相的占空比。

体,泡沫镍在1050℃条件下对碳的溶解达到饱和,在缓慢降温的过程中,溶解在体相内的碳源缓慢从表面析出,形成几十微米厚度的厚层石墨烯(薄层石墨),这样的片层本身机械强度高,在不需要PMMA辅助刻蚀的情况下可以实现自支撑,不会发生结构的破损,简化工艺的同时避免了胶的残留。得益于高导电性以及多孔结构有利于离子的扩散的性质,将这种泡沫石墨烯用于锂离子电池的集流体,电池的内阻减小,倍率性能明显优于以传统金属箔为集流体的电池。并且由于石墨烯的化学惰性,该集流体也表现出对高压的耐受性,有利于其在锂离子电池电极方面的进一步应用。得克萨斯大学的Shili课题组从基底前处理以及基底刻蚀的方面进行了改进(Pettes M. T,2012)。他们发现,在1100℃的高温下对泡沫镍退火处理,在使泡沫镍表面变得平滑的同时使镍的晶粒增大到原来的2~3倍,这对高质量石墨烯的生长是十分有利的;并且用硝酸铁溶液以及过硫酸铵溶液作为刻蚀剂,与稀盐酸作刻蚀液相比,刻蚀速度慢,刻蚀过程更温和,没有气泡的产生。作者比较了不同处理条件得到的泡沫石墨烯的热导率,发现经过处理工艺的改进,泡沫石墨烯的热导率可以提高到2.12 W·m^{-1}·K^{-1},这是明显优于其他碳基的纳米材料或者金属泡沫的,这表明泡沫石墨烯有望作为热导材料进一步应用。

以这种商业泡沫镍为基底得到的泡沫石墨烯,具有孔隙大、比表面积低的特点,为了进一步优化泡沫石墨烯的结构,可以进一步通过等离子体增强化学气相沉积(PECVD)的方法来获得具有多级结构的泡沫石墨烯。近日,北京大学刘忠范、彭海琳课题组通过PECVD的方法生长得到了具有连续孔隙的分级结构的泡沫石墨烯。在三维泡沫石墨烯多孔骨架上形成的垂直石墨烯纳米片阵列结构,一定程度上减小了孔隙的大小,获得了更丰富的多级结构,展现出了更优异的光吸收性能。[14]作者将该泡沫石墨烯应用于光热转化,与常压CVD得到的泡沫石墨烯相比,纳米片阵列有效增强了宽光谱和全方向吸收太阳光的性能并且增大了材料的热交换面积,因此转化得到的热能显著提高。此外,这种分级泡沫石墨烯由于具有优异的抗腐蚀性且质量轻,因而适用于便携式光热转换应用,例如污水处理和海水淡化。将该种具有多级结构的泡沫石墨烯用作加热材料,可以实现太阳能到热能的快速转换,转换效率高达93.4%,海水淡化的太阳蒸气转化效率超过90%,超过了大部分已有的光热转换材料,且具有良好的耐久性和循环使用性能。PECVD方法生长石墨烯可使用的基底种类更多,对基底的催化性能要求不高,能显著降低制备温度,对于泡沫石墨烯的制备具有更广阔的前景。

铜是生长高质量石墨烯的常用基底,类似地,泡沫铜也可以用来制备高质量泡沫石墨烯。来自韩国的Jihyun Kim等以泡沫铜为基底制备得到了泡沫石墨烯(Kim B-J,2013),并将其与氮化镓复合用作蓝光LED的电极材料。首先通过CVD的方法生长得到石墨烯,在刻蚀铜基底时,为了避免结构坍缩,需要借助PMMA辅助转移,通过丙酮移除PMMA后转移到氮化镓基底上。与泡沫镍基底得到的泡沫石墨烯相比,这种泡沫石墨烯层数少,透光率高,可以实现透明电极的制作。同时由于泡沫石墨烯促进了电流的传播,蓝光LED展示出了更好的发光性能。但是由于石墨烯在铜上面的生长为自限制机理,并且由于泡沫铜表面曲率半径大,石墨烯难以长满整个基底;同时铜对碳溶解度低,因此获得的石墨烯层数少;在这样的情况下,泡沫石墨烯的生长条件苛刻,获得的泡沫石墨烯往往难以自支撑,机械强度低,因而不像泡沫镍上生长的泡沫石墨烯一样得到广泛的应用。

以泡沫金属作为生长基底,基底材料廉价易得,生长得到的泡沫石墨烯在满足高质量的同时可以完全复制基底的结构。但这种泡沫金属基底孔隙大,孔隙率高,结构固定,难以调控,为了得到形貌多样可控的金属基底,研究者常常会采用多种物理、化学方法来构建三维多孔模板,如后续介绍的金属颗粒压实形成的孔模板、合金去合金化等(图7-8)。

2. 去合金化金属基底

合金基底去合金化方法的巧妙之处在于,通过去合金化来塑造多孔结构,可以通过合金的成分、比例、去合金化方法等来实现对基底形貌的

图 7-8 金属基底 模板法制备泡沫石 墨烯

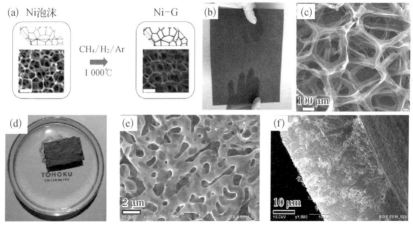

（a）~（c）使用商用泡沫镍基底制备的泡沫石墨烯[12]；（d）~（f）去合金化金属基底制备的泡沫石墨烯[13]

调节。日本东北大学的陈明伟教授课题组发展了一种将 $Ni_{30}Mn_{70}$ 合金锭用 $1.0\ mol \cdot L^{-1}$ 的 $(NH_4)_2SO_4$ 在 50℃ 条件下刻蚀的方法得到去合金化（dealloying）的三维泡沫镍基底，该基底相较于商用基底，具有面密度大、孔隙小（<10 μm）的特点。[24] 通过 CVD 方法得到的泡沫石墨烯可以完全复制这种泡沫镍基底的结构，并且孔隙大小受温度调控。800℃ 下平均孔径约为 258 nm，比表面积高达 1 260 $m^2 \cdot g^{-1}$；950℃ 时，由于泡沫镍基底在高温下发生晶粒粗化，孔隙变大，得到的泡沫石墨烯平均孔径约为 1~2 μm，比表面积约为 978 $m^2 \cdot g^{-1}$。另外将碳源由苯替换为吡啶，可以得到氮掺杂的石墨烯。这种方法得到的泡沫石墨烯比传统泡沫金属生长得到的泡沫石墨烯对光的反射率及透过率更低，并且其多孔结构有利于物质的传输，因此可以用来进行光热转化淡化海水。作者比较了不同温度下有无氮掺杂的石墨烯光-蒸气转化效率，实验结果表明，在 950℃ 生长得到的氮掺杂的泡沫石墨烯具有最高的光-蒸气转化效率，高达 80%。从温度的角度来说，因为石墨烯本身是疏水的，950℃ 得到的多孔结构孔隙更大，有利于水在多孔通道中的传输；从掺杂的角度来说，氮掺杂的石墨烯打开带隙，降低了石墨烯本身的热导率和比热容，因此有利于光吸收，另外亲水性得到提高，有利于水的传输。

3. 压实金属粉末基底

压实金属粉末基底是一种自下而上的泡沫基底的构建方法(图7-9),与传统基底相比,孔隙率更低,制备得到的石墨烯可以具有微孔或者介孔结构,密度更大,机械强度更高。美国莱斯大学的 James M. Tour 教授课题组发展了一种将蔗糖和镍粉混合均匀压片后放入 CVD 系统中生长泡沫石墨烯的办法。生长并刻蚀后的石墨烯具有高达 $1\,080\,m^2 \cdot g^{-1}$ 的比表面积,电导率可达 $13.8\,S \cdot cm^{-1}$。[15]镍粉为石墨烯的生长提供了多孔模板,刻蚀得到的石墨烯为壳层结构,可以通过调节镍颗粒的尺寸来调节该泡沫石墨烯的结构,蔗糖作为碳源可以避免因镍粉压实而气体碳源无法扩散进入的问题。该种方法制备得到的泡沫石墨烯比表面积大,电导率高,同时具有很高的机械强度,使得该材料在气体吸附、催化、能源存储方面极具应用前景。

无论是传统的泡沫镍基底还是压实金属粉末基底,为了得到刻蚀后可以自支撑的泡沫石墨烯结构,往往要求石墨烯的层数较多,所以需要较长的生长时间($>30\,min$)。中国科学院苏州纳米技术与纳米仿生研究所的刘立伟研究员课题组发展了一种以六水合氯化镍($NiCl_2 \cdot 6H_2O$)为前驱体的泡沫镍基底的制备方法,这种方法获得的泡沫镍基底可以实现石墨烯短时间内($30\,s$ 到 $10\,min$)快速生长完成。首先将六水合氯化镍粉末在 $600\,℃$ 下用氢气还原,由于水分子以及氯化氢在高温下逸出,可以得到一个三维的多孔泡沫镍结构,这种结构具有很高的催化活性,有利于气体的扩散以及镍与气体的充分接触,因此可以获得较高的石墨烯的生长速率,从而实现快速生长。该方法获得的泡沫石墨烯孔隙率低,密度大(约 $22\,mg \cdot cm^{-3}$),机械强度高[16]。将其用于吸附重金属离子,该材料表现出较高的吸附能力和较快的吸附速率,同时在催化、能量存储等领域也有较大的应用潜力。

4. 薄层金属沉积基底

通过金属基底制备泡沫石墨烯涉及金属的刻蚀过程,由于泡沫金属骨架中所需刻蚀掉的金属量较大,消耗金属资源较多,所产生的含金属的

图 7-9 压实金属
粉末基底生长泡沫
石墨烯[15, 16]

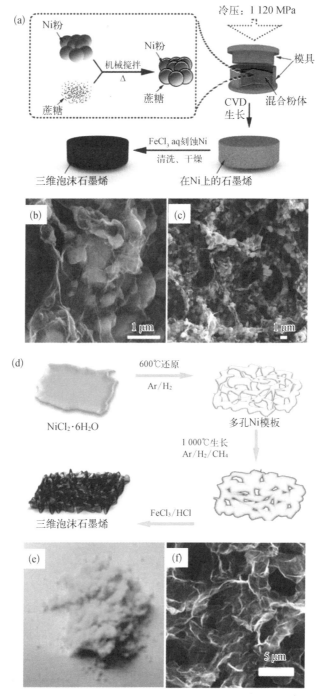

（a）～（c）以蔗糖和镍粉作为碳源和压实金属粉末基底生长泡沫石墨烯的制备流程示意及
制得泡沫石墨烯的扫描电镜照片；（d）～（f）以六水合氯化镍作为压实金属粉末基底生长泡沫
石墨烯的制备流程示意、六水合氯化镍光学照片、制得泡沫石墨烯的扫描电镜照片

废液会给环境治理带来很大的压力。而通过电沉积的方式，将生长石墨烯所需的衬底金属少量沉积在其他基底上构筑的具有三维泡沫结构的模板，则可以有效避免刻蚀金属量过大的问题。

苏州纳米所的程国胜课题组使用一种结合了光刻与电沉积技术的方法，构筑了脚手架型的金属镍三维结构[17]。其三维框架制备过程如图 7-10(a) 所示，首先在硅片上旋涂一层 200 nm 厚的聚甲基丙烯酸甲酯（PMMA），然后在其上蒸镀一层 150 nm 厚的金，在金上旋涂光刻胶，并使用光刻工艺制备出条形。将该片层浸入电镀槽沉积镍金属，则可得到镍骨架的第一层。将其浸入丙酮溶液中即可将镍条纹阵列与硅片剥离，将该条纹阵列逐层交错堆叠，并在 700℃ 下进行 3 min 退火，则可得到具有脚手架结构的三维镍金属骨架[图 7-10(b)]。使用常压条件，在 CVD 体

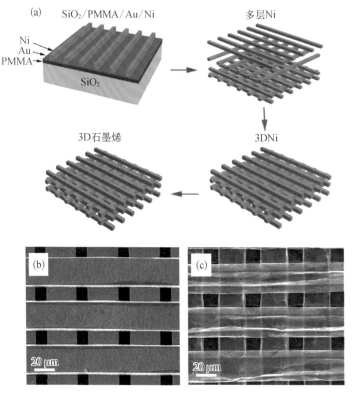

图 7-10 薄层金属沉积基底制备泡沫石墨烯

（a）光刻-电沉积-CVD 法制备三维泡沫石墨烯的过程；（b）该方法所制备镍基底的 SEM 照片；（c）该方法所制备的泡沫石墨烯的 SEM 照片[17]

系中,950℃下100 sccm 氢气与100 sccm 氩气退火10 min,50 sccm 氢气与50 sccm 甲烷条件下生长1 h,得到有镍金属骨架支撑的三维厚层石墨烯(薄层石墨)。该方法虽然有效减少了镍的用量,但是其制备步骤烦琐,前期与后续处理时间较长,不宜大规模制备。

美国桑迪亚国家实验室的 Ronen Polsky 和 D. Bruce Burckel 课题组将具有500 nm 规整孔洞结构的无定形碳泡沫均匀蒸镀上了60 nm 的镍层(Xiao X,2012)。在750℃条件下1∶19的氢气∶氮气气氛中退火50 min,并使用2 mol·L^{-1} 硫酸刻蚀镍金属8 h,清洗干燥后得到具有空心骨架、孔洞规整的三维泡沫石墨烯(薄层石墨)。作者认为在退火条件下,骨架中的碳可以扩散进入镍的体相,并可以穿过薄镍层在外表面偏析出来,从而使得三维泡沫石墨烯骨架的结晶性相比无定形碳泡沫有质的提升。

7.3.2 非金属模板法制备三维石墨烯

金属基底因为对石墨烯的形成具有一定的催化能力,使用金属基底获得的石墨烯结构稳定、结晶性高,但在高温下,金属会和碳形成难以被刻蚀剂去除的碳化物,因此刻蚀基底后,金属仍会有少量的残留。相比金属基底,非金属的基底通常具有结构可控或微孔结构丰富的特点。但对于不具有或具有极弱的催化活性的非金属基底,石墨烯的质量通常低于基于金属基底制备得到的石墨烯,并且其生长过程通常需要较高的温度和较长的时间。非金属基底的选择是多种多样的,通常由氧化物和无机盐构成非金属基底的主要成分。与组装法不同的是,无机非金属的分级结构粉末基底上可以直接生长出分级结构的石墨烯粉末,不需要氧化石墨烯片堆叠组装,生长石墨烯粉末主要使用的模板有微/介孔二氧化硅、天然硅藻土(主要成分 SiO$_2$)、分子筛、氯化钠晶体、氧化镁、氧化镁铝等。而对于泡沫石墨烯的非金属基底上的生长方法,主要选用的基底为二氧化硅泡沫、氯化钠自组装泡沫、天然贝壳、墨鱼骨等。

1. 氧化硅与硅铝酸盐基底

中国科学院上海硅酸盐研究所的黄富强教授课题组建立了一种使用多孔二氧化硅泡沫基底生长泡沫石墨烯的方法[图7-11(a)(b)]，其比表面积高达970.1 m²·g⁻¹。[18]与使用传统金属基底得到的泡沫石墨烯相比，该泡沫石墨烯由石墨烯空心管通过共价键连接形成，因此具有更好的机械强度，具有多次压缩至原体积的5%仍然可以完全回复至原体积的特点。该方法的具体制备方法是首先通过CVD的方法于1 100℃下在二氧化硅泡沫表面生长得到石墨烯，用氢氟酸刻蚀基底后，在2 250℃下退火来提高石墨化程度，最终可以得到质量较高的泡沫石墨烯。这种泡沫石墨烯在可变电阻器、油水分离等方面均有潜在应用。但由于二氧化硅基底要使用氢氟酸刻蚀，所以制备过程和废液处理可能会对人体和环境产生危害。

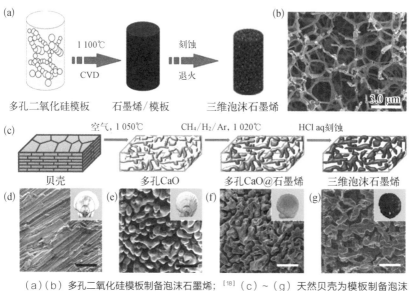

图7-11 非金属模板制备泡沫石墨烯

（a）（b）多孔二氧化硅模板制备泡沫石墨烯；[18]（c）～（g）天然贝壳为模板制备泡沫石墨烯[19]

上述二氧化硅的泡沫孔洞结构较大，碳氢化合物扩散进出孔道结构非常容易。然而为了制备分级结构的粉体石墨烯，粉体模板通常还带有微孔。然而，带有微孔（约2 nm）的二氧化硅颗粒在生长石墨烯的过程中通常具有无定形碳沉积从而堵塞孔道的现象。这种在纳米多孔分子筛模板表面沉积碳材料中的普遍现象一直困扰着分级结构粉体石墨烯的生长。为了解决积碳堵塞问题，KAIST 的 Ryong Ryoo 等提出一种基于分子筛模板的低温镧催化 CVD 技术来制备类石墨烯结构的三维多孔碳材料(Kim K,2016)。该课题组将其使用的 Y 型分子筛(沸石)的晶格中嵌入镧离子(La^{3+})，该离子可以通过 $D\text{-}\pi$ 相互作用对含碳前驱体起到催化裂解作用，这使得具有 La^{3+} 的孔洞会形成三维石墨烯结构，而非形成无定形碳结构。再经过 850℃ 的热处理步骤，则可得到高度有序的多孔结构类石墨烯碳。这种类石墨烯的 sp^2 碳结构的初始成核过程较慢，而一旦成核后，后续的生长过程则遵循镧催化的自由基介导热解缩聚生长机制，该生长过程较快，最终得到的三维类石墨烯结构几乎复制了该分子筛的所有表面形貌，且没有发现无定形碳生成的明显迹象。

2. 氯化钠基底

二氧化硅为常用的非金属模板材料，而其后续的化学腐蚀工艺需要用到大量的氢氟酸，与绿色合成工艺不兼容。食盐的主要成分是氯化钠(NaCl)，是一种水溶性微晶粉末。使用这种自然界储量丰富、无毒的 NaCl 作为生长基底，在其表面生长石墨烯壳层，然后采用水洗的方式去除基底，有利于实现粉体石墨烯的快速分离和纯化，其获得石墨烯粉末的后处理方案是一种绿色环保的方案。

北京大学的刘忠范课题组使用 NaCl 晶体作为基底，使用常压 CVD 方法制备了具有氯化钠晶体四方形框架结构的石墨烯粉末(Shi L,2016)。该方法在生长过程使用了双温区控制，在 700℃ 较低温的区域放置晶体大小为 $30\ \mu m$ 的立方状 NaCl 颗粒，沉积生长石墨烯；在 850℃ 较高温区促进乙烯热裂解，乙烯裂解温度较低，无须使用催化剂。生长完成后，可以直接用去离子水来去除基底，NaCl 颗粒在水中 60 s 即可溶解，所获得的具有四方形框架结构的粉体石墨烯便悬浮于水溶液中。上述合成路线还可通过将回收的 NaCl 溶液重结晶的方法有效地回收生长基底，这种方法清洁高效,为粉体石墨烯的绿色、宏量生产提供了新思路。

氯化钠颗粒也可以形成泡沫状的模板。天津大学的李家俊课题组以氯化钠颗粒自组装形成的泡沫作为模板,同时引入过渡金属锡作为催化剂进行石墨烯的生长,并将最终得到的具有多级结构的石墨烯-锡复合材料作为锂离子电池的负极(Qin J, 2014)。这种多级结构的设计是比较巧妙的,首先将氯化钠颗粒通过冷冻干燥法自组装形成的泡沫作为多孔石墨烯的生长模板,随后通过氯化钠泡沫表面均匀包覆的一层 $SnCl_2C_6H_8O_7$ 作为碳源前驱体,接着在氢气中煅烧还原得到具有催化功能的锡颗粒,在接下来的生长过程中,在氯化钠表面以及锡颗粒外层均可以形成石墨烯,将氯化钠通过去离子水去除后即可得到石墨烯-锡复合结构。在这种结构中,锡颗粒外层均匀地包裹了薄层石墨烯,附着在石墨烯片层上,这个石墨烯壳层一方面避免了锡与电解液的直接接触,作为机械支撑维持锡颗粒结构的稳定,另一方面抑制了纳米锡的团聚和缓解充放电过程中的体积膨胀。得到的泡沫石墨烯复合结构具有高比表面积、高导电性、高机械强度,因此作为锂离子电池负极表现出了优异的电化学性能。

3. 金属氧化物基底

清华大学的魏飞课题组发展了一种制备多孔氧化镁、多孔氧化铝镁基底的方法,并以此作为生长分级结构粉体石墨烯的基底(Zhao M-Q, 2014)。多孔氧化镁基底制备方法为,将光滑的氧化镁(MgO)基底通过煮沸处理形成 $200\sim400\,nm$ 厚的氢氧化镁 $[Mg(OH)_2]$,再通过 $500\,℃$ 煅烧使其形成多孔氧化镁基底,该多孔筛状 MgO 基底的比表面积为 $160\,m^2\cdot g^{-1}$ 大于最初光滑的 MgO 基底($50\,m^2\cdot g^{-1}$)(Ning G, 2011)。在该 CVD 过程中,石墨烯沿着 MgO 的 (200)方向生长沉积。作者还设计使用了一种下行床反应器,在该装置中进行 CVD 生长可以获得克级的分级结构石墨烯/MgO 粉末。使用酸去掉 MgO 基底后,即可获得多级结构石墨烯粉末,其比表面积高达 $1\,654\,m^2\cdot g^{-1}$。该多孔结构使得使用这种石墨烯的超级电容器的电化学容量高达 $255\,F\cdot g^{-1}$。同理,使用层状双金属氧化物为基底和 CVD 合成路线可以得到非堆垛的多层、多级结构的石墨烯粉末。镁铝氢氧化物模板前驱体厚度约 10 nm，煅烧后，化学成分变为镁铝氧化物多晶结构，并维持了层状氢氧化物模板的纳米片形貌。经 CVD 生长和模板去除后，生成的双层石墨烯薄片保留了原始模板的六边形状和多介孔结构。由于突起孔结构和多层石墨烯夹层空间的存在，这种石墨烯三维分级结构显示出高达 $1\,628\;m^2 \cdot g^{-1}$ 的比表面积和 $2{\sim}7\;nm$ 的孔尺寸分布。

4. 天然生物质基底

自然界中，同样存在多种多样的三维泡沫生物质材料，这给予研究者们丰富的思想启发。使用天然生物质作为生长模板进行三维石墨烯生长，也逐渐成为一种常用方法。这一类生长方法有效利用了天然存在的泡沫、多孔结构模板，操作简单，为泡沫石墨烯、分级结构三维粉体石墨烯的 CVD 生长提供了新的思路。

北京大学刘忠范教授课题组发展了使用天然贝壳、墨鱼骨为基底生长泡沫石墨烯的方法，该基底的主要成分为 $CaCO_3$，经过高温煅烧可分解为 CaO 和 CO_2，在反应过程中随着气体的产生而形成连续的细小孔道，而剩下的 CaO 则形成了连续的泡沫骨架结构。石墨烯生长完成后，该模板材料 CaO 可用盐酸(HCl)水溶液去除，并通过冷冻干燥法得到结构完整的泡沫石墨烯。得到的泡沫石墨烯具有很低的密度(约 $3\;mg \cdot cm^{-3}$)和很好的柔性，在锂离子电池、油水分离等领域都有潜在的应用。这种基于碳酸钙的生物质基底的优势在于，基底材料廉价易得，易于刻蚀，因此为泡沫石墨烯的批量大规模制备提供了广阔的前景。

除了上述泡沫结构的模板，北京大学刘忠范教授课题组使用一种天然硅藻土颗粒作为生长模板，制备了单分散性好、高导电性的分级多孔结构的三维粉体石墨烯(Chen K，2016)。单细胞生物硅藻细胞壳具有丰富的三维分级多孔生物结构，硅藻遗骸沉积矿化变成硅藻土。硅藻土是一种地球上储量丰富的自然资源，主要成分是 SiO_2，工业上广泛用于吸附剂、过滤器、催化剂载体、填充材料等。其制备过程为，将放置有硅藻土粉末的石英舟放入管式炉恒温区,常压条件下升温至1 000℃在氩气、甲烷混合气氛下进行生长。石墨烯层的生长厚度可以通过改变甲烷浓度来调节。反应完成后,表面生长石墨烯的硅藻土由乳白色变为浅灰色。其模板去除需要使用氢氟酸、去离子水和乙醇的混合液浸泡过夜,再通过冷冻干燥的方式获得黑色的粉体石墨烯。该粉体石墨烯复制了硅藻土的分级三维形貌结构,大大减少了石墨烯层间的 $\pi-\pi$ 相互作用,更有利于快速均匀分散,该分级结构粉体石墨烯比表面积高达 $1\,137.2\,m^2 \cdot g^{-1}$。

如前所述,非金属模板对碳源的裂解以及石墨化的催化性能较弱,因此所得石墨烯缺陷较多。不过,非金属基底在石墨烯的形貌调控、材料纯度、制备成本等方面均有更大的优势。非金属模板种类众多、形貌丰富,可用于制备不同结构的三维石墨烯;金属氧化物等非金属模板通常容易被刻蚀且无残留物,而金属模板在生长后容易形成难以洗净的碳化物残留;此外,非金属模板通常价格远较金属材料低廉,因此有望实现三维石墨烯的大规模制备。

7.3.3 无模板法

CVD方法中,石墨烯常常需要依附于基底生长,获得的石墨烯的形貌取决于基底的形貌,当脱离模板进行生长时,石墨烯的质量会有所下降,但也会获得更丰富的形貌。

受到古老的民俗文化"吹糖人"的启发,日本国立材料研究所及早稻田大学的 Yoshio Bando 教授课题组报道了一种无模板生长泡沫石墨烯的方法(图7-12)。[20] 通过混合10 g蔗糖和10 g NH_4Cl 并在氩气保护下在管式炉内 1 350℃反应3 h,可以得到结构像无数气泡粘连形成的泡沫石墨烯,该泡沫的平均孔径尺寸为 186 μm。通过反应条件优化,作者发现,在升温速率为 $4℃ \cdot min^{-1}$ 时可获得具有最高比表面积($1\,100\,m^2 \cdot g^{-1}$)的泡沫石墨烯。这种石墨烯具有较低的密度($3.0\,mg \cdot cm^{-3}$),高的比表面积、导电性($100\,S \cdot cm^{-1}$),石墨烯层均为单层或少层,具有很高的机械强度,

石墨烯制备技术

图 7 - 12 使用
"吹糖法"生长的
泡沫石墨烯[20]

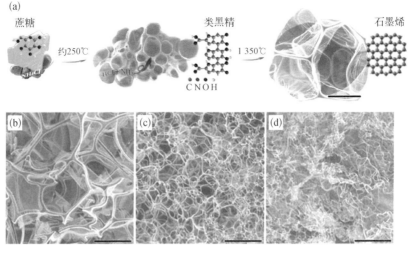

（a）"吹糖法"生长泡沫石墨烯示意；（b）~（d）典型扫描电镜表征结果

不易坍缩，多孔结构为电子的传输和离子的传输提供了通路，因此作为双电层超级电容器的电极表现出了优异的性能，在 $1\,A\cdot g^{-1}$ 下充放电，容量可以达到 $250\,F\cdot g^{-1}$。这种无模板制备泡沫石墨烯的方法首先省去了模板的成本，有望实现大规模制备，并且免去了刻蚀过程带来的消耗以及可能出现的杂质残留，极大地简便了工艺，但与模板法相比获得的石墨烯微观形貌不可控。

7.4 小结

三维石墨烯在本章中特指三维泡沫石墨烯与具有三维分级结构的粉体石墨烯。其通常使用组装法（氧化石墨烯片）或合成法（CVD 法为主）制备。本章对三维石墨烯的三维结构的构成方法进行了分类，详细介绍了三维石墨烯的各种构筑方法。

组装法制备泡沫石墨烯通常以氧化石墨烯为前驱体，通过不同的还原方法得到还原氧化石墨烯，但得到的石墨烯往往纯度不够高，会带有残基,而这些基团恰好将不同片层的石墨烯通过化学键连接起来,形成结构较为稳定的泡沫石墨烯。这种石墨烯因为是由无数小片层形成的组装体,其无法完全还原的残基和较大的层间接触电阻,使获得的泡沫石墨烯的导电性较差。但这种方法产量大,是实现泡沫石墨烯批量大规模制备的有效方法。

以 CVD 法为主要方法的合成法具有可放大、工艺简单、石墨烯质量高等优点,被广泛地用于泡沫石墨烯的制备中。经过多年的基础研究,CVD 方法已经发展成为一种制备高质量本征泡沫石墨烯不可或缺的方法,其特点是通常需要借助多孔金属或非金属模板来构筑石墨烯的泡沫结构。CVD 得到的泡沫石墨烯的性质与生长基底材料的性质、基底的前处理、生长温度、生长时间、碳源、降温速度、刻蚀方法、后处理方法等密切相关。因为金属基底对碳源的裂解以及石墨烯的形成有催化作用,所以通过泡沫金属制备得到的泡沫石墨烯质量通常更高、性能更好。金属镍对碳的溶解度高,容易得到厚层石墨烯,而泡沫镍可商业化大规模制备,所以常被用来作泡沫石墨烯的生长模板。另外通过压实粉末、合金的去合金化等方法可进一步对基底的结构进行设计,从而得到不同形貌结构的泡沫石墨烯,满足多方面的应用。非金属基底对石墨烯的生长无催化作用或有较弱的催化作用,但与金属基底相比,通过对模板的设计可以得到微孔或介孔结构,实现更丰富的结构,并且不会产生金属与碳之间形成的难以被刻蚀的碳化物,刻蚀残留问题少。除了这些方法以外,吹糖法也是一种巧妙地利用基底高温释放的气体产生泡沫结构的方法。制备方法决定结构和性能,在探索制备方法的同时,研究者还需以具体应用性能为导向,去设计满足相应需要的泡沫石墨烯材料。

参考文献

［1］ Bi H，Yin K，Xie X，et al. Low temperature casting of graphene with high compressive strength[J]. Advanced Materials, 2012, 24(37): 5124 – 5129.

[2] Tang Z, Shen S, Zhuang J, et al. Noble-metal-promoted three-dimensional macroassembly of single-layered graphene oxide [J]. Angewandte Chemie, 2010, 49(27): 4603 – 4607.

[3] Jiang X, Ma Y, Li J, et al. Self-assembly of reduced graphene oxide into three-dimensional architecture by divalent ion linkage[J]. The Journal of Physical Chemistry C, 2010, 114(51): 22462 – 22465.

[4] Chen W, Yan L. In situ self-assembly of mild chemical reduction graphene for three-dimensional architectures[J]. Nanoscale, 2011, 3(8): 3132 – 3137.

[5] Zhang X, Sui Z, Xu B, et al. Mechanically strong and highly conductive graphene aerogel and its use as electrodes for electrochemical power sources[J]. Journal of Materials Chemistry, 2011, 21(18): 6494 – 6497.

[6] Qiu L, Liu J Z, Chang S L, et al. Biomimetic superelastic graphene-based cellular monoliths[J]. Nature Communications, 2012, 3: 1241.

[7] Liu F, Chung S, Oh G, et al. Three-dimensional graphene oxide nanostructure for fast and efficient water-soluble dye removal[J]. ACS Applied Materials & Interfaces, 2012, 4(2): 922 – 927.

[8] Liu F, Seo T S. A controllable self-assembly method for large-scale synthesis of graphene sponges and free-standing graphene films [J]. Advanced Functional Materials, 2010, 20(12): 1930 – 1936.

[9] Choi B G, Yang M, Hong W H, et al. 3D macroporous graphene frameworks for supercapacitors with high energy and power densities[J]. ACS Nano, 2012, 6(5): 4020 – 4028.

[10] Lee K G, Jeong J. M., Lee S. J., et al. Sonochemical-assisted synthesis of 3D graphene/nanoparticle foams and their application in supercapacitor. Ultrasonics Sonochemistry, 2015, 22: 422 – 428.

[11] Zhu C, Han T Y-J, Duoss E B, et al. Highly compressible 3D periodic graphene aerogel microlattices [J]. Nature Communications, 2015, 6: 6962.

[12] Chen Z, Ren W, Gao L, et al. Three-dimensional flexible and conductive interconnected graphene networks grown by chemical vapour deposition [J]. Nature Materials, 2011, 10(6): 424 – 428.

[13] Ito Y, Tanabe Y, Han J, et al. Multifunctional porous graphene for high-efficiency steam generation by heat localization[J]. Advanced Materials, 2015, 27(29): 4302 – 4307.

[14] Ren H, Tang M, Guan B, et al. Hierarchical graphene foam for efficient omnidirectional solar-thermal energy conversion[J]. Advanced Materials, 2017, 29(38): 1702590.

[15] Sha J, Gao C, Lee S-K, et al. Preparation of three-dimensional graphene foams using powder metallurgy templates[J]. ACS Nano, 2015, 10(1): 1411-1416.

[16] Li W, Gao S, Wu L, et al. High-density three-dimension graphene macroscopic objects for high-capacity removal of heavy metal ions[J]. Scientific Reports, 2013, 3: 2125.

[17] Xiao M, Kong T, Wang W, et al. Interconnected graphene networks with uniform geometry for flexible conductors [J]. Advanced Functional Materials, 2015, 25(39): 6165-6172.

[18] Bi H, Chen I W, Lin T, et al. A new tubular graphene form of a tetrahedrally connected cellular structure[J]. Advanced Materials, 2015, 27(39): 5943-5949.

[19] Shi L, Chen K, Du R, et al. Scalable seashell-based chemical vapor deposition growth of three-dimensional graphene foams for oil-water separation[J]. Journal of the American Chemical Society, 2016, 138(20): 6360-6363.

[20] Wang X, Zhang Y, Zhi C, et al. Three-dimensional strutted graphene grown by substrate-free sugar blowing for high-power-density supercapacitors[J]. Nature Communications, 2013, 4(1): 2905.

[21] Lemlich R. A theory for the limiting conductivity of polyhedral foam at low density[J]. Journal of Colloid and Interface Science, 1978, 64(1): 107-110.

[22] Goodall R, Weber L, Mortensen A. The electrical conductivity of microcellular metals [J]. Journal of Applied Physics, 2006, 100 (4): 044912.

索 引

石墨烯制备技术